겨자씨의 감성살림

바느질하고
요리하고
집 꾸미는
그 녀 의
라 이 프
스 토 리

겨자씨의

감성살림

윤선미 지음

미호

프
롤
로
그

바람이 부는 날에는 일부러 청소를 합니다. 불어오는 바람 한껏 집안에
들여놓고, 투닥투닥 털어내고 쓸어냅니다. 마음이 아픈 날에는 일부러
바느질감을 잡아봅니다. 원단을 자르고, 단추와 지퍼를 고르고, 아픈 만큼만
실을 꿰어 바느질을 합니다. 누군가가 미워지는 날에는 일부러 주방에서
시간을 보냅니다. 싱크대 안을 정리하고, 베이킹 소다를 풀어 냄비들을
닦아내고, 냉장고 정리도 해봅니다.

이 책은 그런 저의 소소한 일상과 살림 이야기를 풀어놓은 책입니다.
특별하지도 않고 전문적이지도 않지만, 여자라는, 아내라는, 엄마라는
이름의 주부가 되어 매일 해내야 하는 살림에 감성을 더하고 싶었던
흔적입니다.

모든 '주부'라는 이름의 여자가 그러하듯 저 역시 어떤 날은 전문가
못지않게 그럴싸한 결과물을 내기도 하고, 어떤 날은 게으름에 한없이 지고
마는 평범한 살림 일상을 보내고 있습니다. 솜씨가 좋으신 엄마 음식을
먹고 자랐으니 나 역시 솜씨가 좋을 거라 믿고 감으로 요리에 도전하다가
실패와 성공을 왔다 갔다 하기도 하고, 어쩔 때는 재봉틀 앞에 앉아서
하루를 통째로 써버리는 것에 뿌듯해하기도 합니다. 가끔은 이런저런
핑계를 대며 집안일을 미루는 여유를 부려보기도 합니다. 그렇게 저는

비교적 자유로운 마흔 두 살의 '여자'로 살아가고 있는 중입니다.
그래도 이 모든 살림 일상에서 놓치고 싶지 않았던 것은 작은 것에도
소홀하지 않고 좀 아쉬운 것에도 언짢음을 쏟아내지 않는 마음입니다.
비싸고 특별한 살림도구 하나 없어도 시간을 들여 천천히 하나씩
만들어가는 즐거움과 매일 똑같은 일상을 하루하루 의미 있게 가꿔 나가는
지혜를 함께 이야기하고 싶었습니다.

좋아하지만 잘 해내기는 어렵고, 잘 해내지만 좋아하기 어려운 것이 살림인
것 같습니다. 당신에게도 분명 있을 감성살림, 제가 대신 꺼내어 수줍게
보여드립니다. 소소해서 다행인 그런 살림 이야기입니다.

차례

프롤로그 ◦ 10

PART 1

느린 살림 이야기

엄마의 살림 ◦ 16

마음의 워밍업 ◦ 23

부엌에서 꼭 지켜야 할 일 ◦ 30

앞치마를 입는다 ◦ 36

먹거리 말리기 ◦ 50

겨울 준비 ◦ 54

빵 굽는 일 ◦ 62

PART 2

복작복작, 가족의 하루

친구 같은 엄마의 로망 ◦ 72

지금 변신 중이야? ◦ 78

절이기, 졸이기, 담기 ◦ 88

따뜻한 음식 만들기 ◦ 100

물려주고 싶은 옷 ◦ 108

공주가 되고픈 아이 ◦ 114

어느 저녁 풍경 ◦ 118

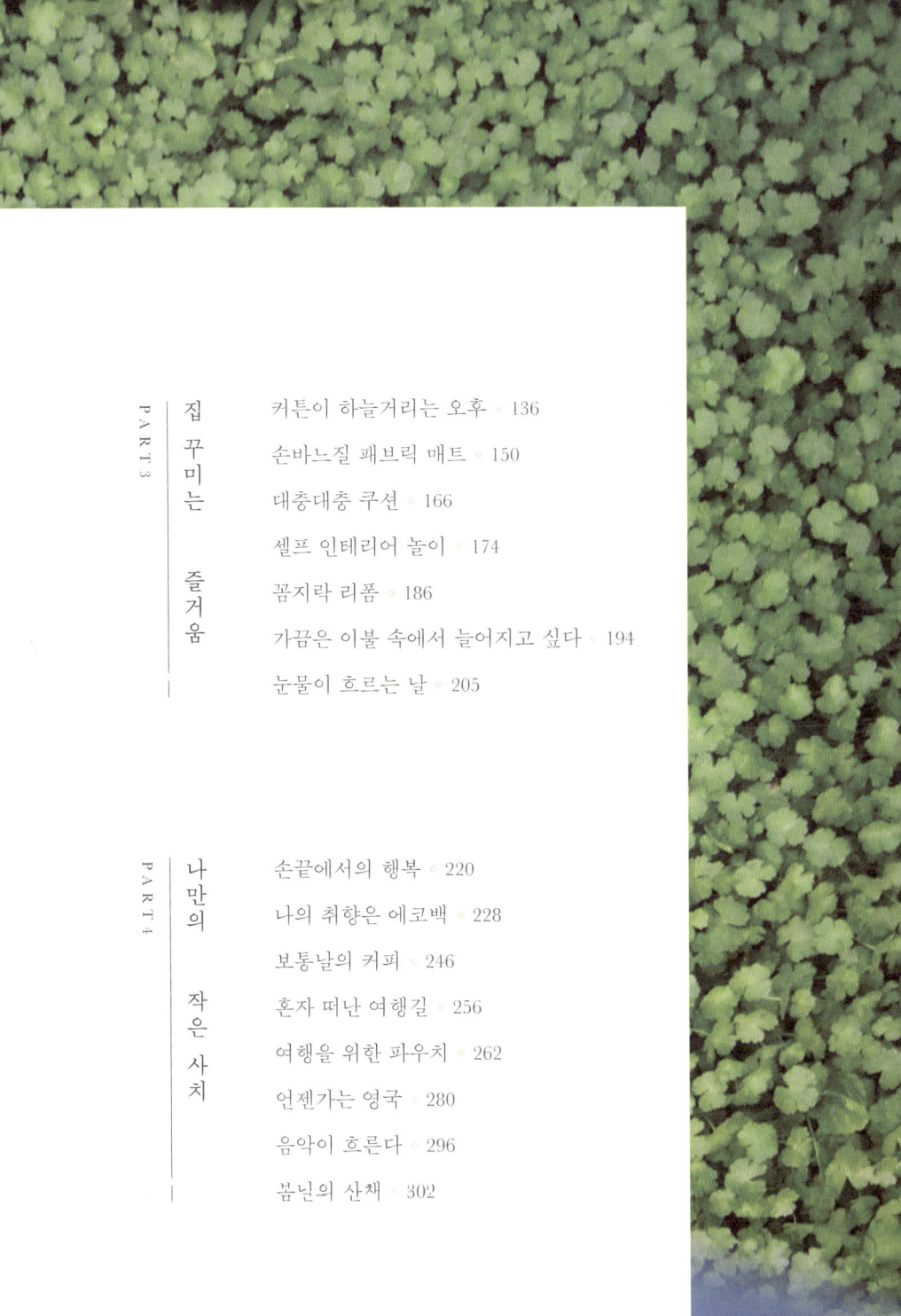

PART 3

집 꾸미는 즐거움

커튼이 하늘거리는 오후 ◦ 136

손바느질 패브릭 매트 ◦ 150

대충대충 쿠션 ◦ 166

셀프 인테리어 놀이 ◦ 174

꼼지락 리폼 ◦ 186

가끔은 이불 속에서 늘어지고 싶다 ◦ 194

눈물이 흐르는 날 ◦ 205

PART 4

나만의 작은 사치

손끝에서의 행복 ◦ 220

나의 취향은 에코백 ◦ 228

보통날의 커피 ◦ 246

혼자 떠난 여행길 ◦ 256

여행을 위한 파우치 ◦ 262

언젠가는 영국 ◦ 280

음악이 흐른다 ◦ 296

봄날의 산채 ◦ 302

느린

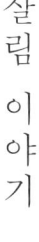

살림 이야기

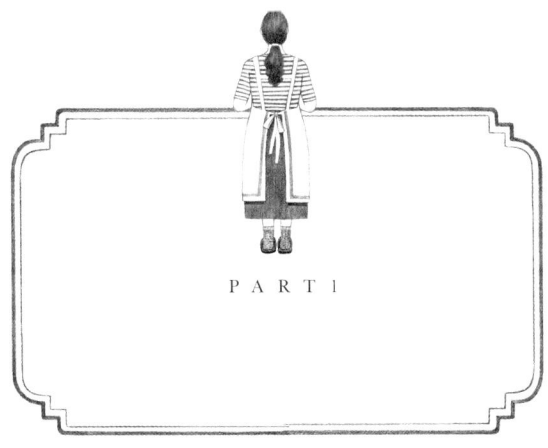

PART 1

흉내는 낸다.

결혼을 하고 아이를 낳고 살림을 한다. 안할 수가
없다. 청소, 빨래, 설거지…매일 해도 표가 안 나는
살림이지만, 그렇다고 매일 하지 않으면 어딘가는 꼭
티가 나게 되어있다.
싫은 듯 말하지만 살림한답시고 바쁘게 움직이는 것이

사실은 좋다. 물론 나는 유명한 살림 전문가처럼 꼼꼼하지도 못하고
부지런하지도 않다. 우리네 엄마에 비하면 소꿉놀이 같은 살림놀이를
하고 있을 뿐이다.

그중에서 내가 제일 열중하고 마음을 쏟는 것은 '먹거리'를 만들어내는
일이다. 엄마 닮아 쌈을 좋아하는 둘째 딸인 나는 여름이면 시장에서
호박잎을 한 묶음 사다가 다듬곤 한다. 풋내 나지 않게 손으로 살살
비비고는 찜 솥에 살짝 쪄낸다. 그렇게 호박잎을 쪄낸 날에는 일부러
보리밥을 짓는다. 보리를 물에 불리는 지루한 시간에는 쌈장도 아주
그럴싸하게 만들어둔다. 넓은 호박잎을 가득 펼쳐서 손바닥 위에 올리고,
뜨거운 밥을 한가득 넣고 쌈장도 올린다. 그러면 아이들은 그 옛날 내가
'입안 가득 쌈을 넣고 우적거리는 엄마'를 보던 그 표정으로 나를 본다.

봄이 지나면 양파나 마늘 혹은 제철에 나는 채소나 순무 등으로 어김없이
장아찌를 만들어 쟁여놓는다. 항상 맛이 성공적이지 않음에도 나는 마치
숙제하듯 장아찌를 담는다. 그저 재료들을 먹기 좋은 크기로 썬 다음,
양념을 냄비에 우르르 끓여내고, 재료가 담긴 유리병에 붓기만 하면 된다.
적당히 양념이 배이면 식탁에 슬쩍 내어 올린다. 맛있다 하면 그때부터
내가 담았노라고, 그냥 대충 담았는데 엄마 닮아서 이렇게 음식을 잘
하나 보다고 스스로 수다쟁이가 된다. 그렇게 유리병 가득가득 채워진

장아찌들을 보면, 멀리 있는 엄마한테 자랑이 하고 싶어진다. 아무것도
모르는 둘째 딸이 이렇게 '살림'도 한다고. 마늘을 찧어서 냉동실에 얼린
뒤 또각또각 잘라서 다시 넣어둔다고. 콩이 많을 때는 오랜 시간 윤기
나게 졸여낸 콩자반과 현미를 오래 불려 지어낸 현미밥으로 건강한
밥상을 예쁘게 담아낼 줄 안다고. 여름에 복숭아가 많이 날 때는 통조림을
만들어보기도 한다고. 고구마 줄기를 다듬어 끓는 물에 데쳐서 나물로
무쳐먹거나 얼려서 냉동실에 쟁여둔다고. 엄마가 우리에게 그래주었듯
감자가 많이 있을 때는 볶아먹고 삶아먹고 쪄먹는다고. 엄마가 해주었던
포슬포슬한 느낌 그대로를 살리느라 신경을 좀 썼다고. 말 그대로 엄마
흉내를 내고 있다. 이런 나를 엄마가 본다면 예쁘다, 참 잘한다, 머리를
쓰다듬으며 칭찬해주시리라.

결혼을 하고 살림을 하고서야, 엄마의 살림이 얼마나 야무진 건지, 얼마나
마음이 쓰이는 건지 알게 되었다. 자주 아프셨던 엄마. 아픈 것이 좀
나아지시면 제일 먼저 다시 손에 잡는 것도 살림이었다. 된장, 고추장,
간장은 원래 집에서 담아 먹는 것이라고 알고 자란 나는 결혼을 하고
마트에서 그것들을 사먹을 때가 제일 서글펐다. 똑같은 통에 담겨진
된장도 고추장도 왠지 야속했다. 둘째아이를 가지고 입덧이 한창인
그때. 멀리 떨어져 있는 엄마의 식혜가 먹고 싶어서 그야말로 눈이 쑥
들어갔었다. 엄마의 그 달달하면서도 시원한 식혜. 아래에 가라앉은

밥알을 건져먹고 싶어서 벌컥벌컥 마시던 그 식혜. 아픈 엄마에게 결국 그 말을 하지 못했던 나는 입덧 때문에 종일 괴로운 속을 부여잡고 서러운 눈물을 쏟았었다.

엄마의 전화다. 올해는 고추장을 담았으니 추석에 올 때 빈 유리병을 챙겨오라 하신다. 그럼 나는 그 고추장에 보답이라도 하듯 뜨거운 흰 밥을 지이보리라. 고추장 한 숟가락에 참기름 두어 방울을 넣고 쓱쓱 비벼볼 생각이다. 숟가락 가득 한입에 넣고 맵다고 엄살을 피우면 차가운 물을 컵에 따라주던 엄마처럼 나도 그렇게 살림을 하리라고, 나도 그렇게 가족을 지켜내는 엄마가 되리라고….

철없던 둘째딸은 오랜만에 엄마가 계신 집에 도착하자마자 엄마의 살림을 챙겨본다. 가스렌지의 묵은 때를 닦고 냉장고에서 유통기한이 지난 음식들을 정리하며 엄마에게 잔소리를 늘어놓는다. 엄마에게 배운 살림놀이다.

장아찌

만들기

신선한 제철 재료나 수확량이 많아 가격이 낮아지는 재료들이 있을 때는 장아찌를 담가본다.

* 봄: 마늘, 양파 / 여름: 고추 / 가을: 오이, 깻잎 / 겨울: 무

채소들을 먹기 좋은 크기로 적당히 잘라놓고 소독한 유리병에 차곡차곡 담는다. 간장, 식초, 물, 설탕을 취향에 따라 조절해서 양념을 끓이고 식혀서 부어준다. 아삭한 맛을 즐기고 싶다면 양념을 끓여 뜨거울 때 부으면 된다. 상온에서 1~2일 정도 숙성시킨 후 냉장보관한다.

* 유리병 소독법: 유리병과 물을 함께 넣어 끓인 뒤, 뜨거울 때 꺼내 키친타월에 거꾸로 세워놓고 자연건조시킨다. 유리병이 다 식으면 마른행주로 반드시 한 번 더 닦아낸다.

마음의

○
워밍
업

준비만 5시간째.

나는 참 게으른 주부일지도 모르겠다.

이러다 결국 아이가 유치원에서 돌아올 때가 되었거나,

저녁을 지을 때가 되어서 시작도 못할지도 모른다.

핑계다. 하기 싫은 것도 아니면서 이런 저런 딴짓을

하며 시간을 보내놓고서는 딴소리다. 손이 좀 빠른

편이라 집중해서 하기 시작하면 무엇이든 금방 끝내는

편이다. 그런데 문제는 시작을 못하고 있다는 거다. 더군다나 햇살이 좋은 날이면 으레 게으름이 더해진다. 부지런했던 어떤 날 뚝딱 만든 우드 트레이에 커피와 머핀을 담아 사진 찍기 놀이를 하기도 하고, 베란다에 앉아 엽서에 끄적거리는 한가로움도 괜히 즐겨본다. 바느질도, 설거지도, 냉장고 정리도, 대청소도, 준비 작업이 길다. 사실 알고 보면 손이 바쁜 일이 아닌, 마음의 워밍업이다.

어제 저녁에 먹은 설거지감들이 오늘 오후까지 싱크대에 가득 찼다. 부엌을 오가며 '해야 되는데… 해야 되는데….' 하면서도 정작 고무장갑을 낄 생각도, 주방 매트 위에 설 생각도 없다. 물이나 채워주는 것이 최선이다. 부질없는 몸의 워밍업이다.

이틀 전에 야심 차게 사다놓은 채소들이며 식재료들이 냉장고에 한가득이다. 당장 먹을 대파는 길게 썰어 통에 담아두고 나머지는 썰어서 냉동실에 넣어두어야 한다. 생물새우는 요리할 때 써야 하니까 꼬리만 남겨두고 잘 다듬어야 하고, 내가 아주 좋아하는 파프리카를 이번에도 양 조절을 못하고 많이 샀으니, 치킨 토르티야 롤을 만들 때 쓸 수 있게 채를 썰어놔야 한다. 그래야 하는데 시작도 못하고 있다. 냉장고 문만 자꾸 열어본다. 부질없는 몸의 워밍업이다.

재봉틀에 들어갈 빈 북알을 죄다 꺼내 한꺼번에 실을 감아놓고, 매치할
원단들을 테이블 위에 잔뜩 늘어놓는다. 재봉틀의 코드는 잘 꽂혀 있는지,
발판 주변에 먼지는 없는지 괜히 몸을 낮춰 살핀다. 부질없는 몸의
워밍업이다.

대청소를 해야 할 때가 되었다는 건 안다. 그래서 청소기 먼지 봉투도
같이 놓았고, 언제가 청소하기 제일 좋을 날인지 일기예보도 확인했다.

아이가 방에 블럭을 잔뜩 어질러 놓아도 어차피 대청소를 할 거란 마음에 정리하라는 잔소리도 아꼈다. 하지만 막상 해가 좋은 날이 되어도 실내에 있던 화분들만 베란다로 잠시 옮겨놓는 정도다. 정말 부질없는 몸의 위밍업이다.

사실 '하기 싫어서'라는 핑계가 이 모든 상황을 가장 정확히 설명해주지만, 왠지 그 정도로 게으르지는 않다고 해두고 싶어서 '마음의 위밍업' 때문이라고 한다. 무언가를 시작하고 집중하는 일. 그 결과를 책임져야 하는 일. 본격적으로 시작하면 보나마나 끝을 봐야 하는 일. 그것에 발을 푹 담그는 일을 자꾸만 미루고 싶은 것이다. 천천히 조금 더 천천히…, 그리고 최대한 미룰 수 있을 때까지.

부엌에서

○
꼭
지켜야 할 일

나에게 가장 편안한 공간은
부엌이다.

물론 재봉틀이 놓여진 나만의 작업 공간도 있긴
하다. 오래된 수납장을 주워다 리폼한 작은 화장대는
누구누구의 화려한 화장대 부럽지 않다. 거실에는 몇
해 전 작은 타일을 하나하나 꼼꼼히 붙여 만들어놓은
큼지막한 테이블도 있다. 가끔 낮은 의자에 앉고 싶어질 때는 유치원에 가고 없는 아이의 낮은 책상이 내 차지가 된다. 그렇지만 제일 편안한 곳을 꼽으라면 역시 부엌이다.

부엌에는 오롯이 내 흔적만 있을 뿐이다. 부엌 식탁은 식구들이 둘러앉아 밥을 먹는 곳이지만, 나에게는 책을 읽거나 글을 쓰는 공간이기도 하다. 때로는 멍하니 온갖 상상의 나래를 펴는 공간이기도 하다. 이를 테면 가스렌지 앞에 서서 냄비 속을 들여다보고 있어야 할 때는 바로 앞에 나있는 작은 창으로 바깥을 내다보며 이런 저런 생각으로 지루함을 달랜다. 그렇게 부엌은 식구들의 먹거리를 위한 공간이기도 하지만 오롯이 내가 있어서 빛나는 공간이다.

다만 부엌에서의 여유를 만끽하기 위해서는 꼭 지켜야 할 것들이 있다. 정말 사소하지만 자꾸만 까먹는 것들이다. 우선 설거지감이 쌓인 싱크대 쪽은 결코 쳐다보지 않기! 엊그제 닦았는데 어느새 내려앉은 밥통 위의 먼지는 모른 척 하기! 발효가 잘된 플레인 요구르트는 유리용기에 옮겨 담아 냉장고에 넣어두기! 그래야 부엌에 오래 앉아있을 수 있다.

어느 햇살 좋은 날, 끝내 모른 척 하지 못한 싱크대 때문에 결국 식탁에서 일어서고야 말았다. 아무래도 오늘은 청소를 해야 하는 날인가 보다.

베이킹 소다와 구연산으로 청소를 시작한다. 참 신기한 마법의 가루다. 설거지를 끝내고 물로 씻어낸 싱크대는 어쩜 그리 자욱이 많은지, 설거지를 끝낸 냄비는 왜 대충 씻고 나온 아이 얼굴 같은 건지. 베이킹 소다를 물에 휘휘 타서 수세미로 살살 문질러 닦아낸다. 당장 물줄기를 갖다 대고 싶은 것을 간신히 참아내고 꼼꼼히 닦아낸 싱크대와 냄비에 드디어 물을 뿌린다. 거짓말처럼 깨끗해지고 반짝반짝 윤이 나는 싱크대. 그 얼굴이 말갛다. 스테인리스 재질의 살림도구들도 이렇게 씻어서 물기를 말끔히 닦아주면 새것같이 예뻐진다. 너무 자주 이렇게 해주면 감동이 없으니 가끔만 해주자며, 나는 또 게으른 규칙을 세우고 있다.

주방 싱크대 안을 정리한다. 잘 쓰지 않는 그릇들은 손이 닿지 않는 안쪽으로 밀어넣고, 자주 쓰는 그릇들은 작은 그릇장에 보기 좋게 쌓아두었다. 싱크대 아래 칸에 오래된 프라이팬이며 냄비들도 차곡차곡 정리한다. 그런데 뭔가 아쉬운 생각이 든다. 꼭 필요하지만 자주 쓰지 않는 도구들은 어디에 둘지 고민이 생긴다. 결국 선반을 하나 설치했는데, 그러자마자 선반이 꽉 차게 이것저것 올라간다. 아니, 그동안에는 어떻게 살았던 거지?

엊그제 김치를 꺼내 썰다가 김치 국물을 조리대에 쏟았다. 급박한 그 순간, 곁에 있던 새하얀 행주로 그걸 훔치고 말았다. 갖다 대는 순간

후회막급. 급하게 물에 헹구어 빨고 마침 볕이 좋은 베란다에 걸어두었다.
해가 있어 얼마나 좋은지 모른다. 살림 못하고 허둥대는 여자에게 주는
선물이다. 햇살에 꾸덕꾸덕 잘 마른 키친크로스들을 네모반듯하게
접어놓고는 나에게 차 한 잔의 선물을 건넨다.

친환경 세제
활용하기

베이킹 소다와 구연산, 식초는 친환경 세제로, 찌든 때를 제거하는데 탁월하
다. 특히 구연산은 식초 대신 사용할 수 있는 정균제로, 베이킹 소다와 함께
섞어서 사용하면 효과가 더 좋다. 구연산이나 베이킹 소다는 구입 후 밀폐
용기에 잘 보관한다.

1   행주를 삶을 때 세제와 함께 넣어준다.
2   싱크대나 냄비 등을 닦을 때는 소량의 물에 섞어 수세미에 묻혀 닦거나
    물에 희석해 분무기에 넣어 자주 뿌려주며 청소한다.
3   도마에 밴 냄새는 베이킹 소다를 약간 뿌려 문질러 닦아낸 후 흐르는
    물에 씻는다.
4   스테인리스 용기들을 닦고 씻어낸 후에는 반드시 마른행주로 닦아
    물자국을 없앤다.

앞치마를

○

입는다

나 는 엄마를 닮았다.

아담한 키, 손재주, 눈물…. 그 중에서도 제일 닮은 것이
자타공인 부지런함이다. 어릴 적 나는 엄마가 한가롭게
앉아 여유를 즐긴다든가, 저녁을 먹고 으레 TV
드라마를 챙겨보는 모습을 본 적이 없다. 넉넉지 못한
생활에 늘 일을 하시면서도 식구들을 챙기며 집안일을

해내시는 엄마를 보고 자랐다. 엄마는 잠시도 쉬지 않으셨다. 나는 그런
엄마 옆에서 놀았다. 요리를 하고 청소를 하는 엄마 옆에서 찌개가
바글바글 끓는지 자작자작 끓는지를 알려드렸고, 작은 마당을 쓸고 난
뒤 꽃을 돌보는 엄마 옆에서 놀다 흙 속에서 나온 벌레들에 기겁하기도
했다. 엄마가 하얀 빨랫감들을 쑥쑥 삶아 옥상 빨래줄에 착착 널어둘 때면
그 옆에 누워 하늘을 구경했다. 바람에 아빠의 런닝셔츠가 춤을 추고
남동생의 하얀 바지가 까불었다. 언니의 속옷은 수줍게 바람에 나부꼈다.
남은 빨래집게들을 정리하며 '이미자'보다 더 슬프게 부르는 엄마의
노래를 들었다. 그런 일상이 엄마에겐 '살림'이었고 나에게는 '놀이'였다.

경제적으로 넉넉지 못한 생활이었기에 낮이고 밤이고 바쁘고 곤한
삶을 사는 엄마를 볼 때면, 어린 내 눈에도 엄마가 참 많이 힘들겠구나
하고 느껴졌던 것 같다. 반찬을 많이 하시는 날은 그 다음날 엄마가

도망가버리는 건 아닐까 하며 자다가도 엄마의 누운 자리를 더듬었다.
그러나 엄마는 늘 그 자리를 지켜내셨다. 아빠와 많이 다투신 날의
늦은 밤, 엄마의 꾹꾹 눌러 담은 눈물이 소리를 낸다. 이제 나도 그렇게
엄마처럼 결혼을 하고 아이를 낳고 살고 있다. 가끔 삶이 지치고 힘겨울
때면 엄마의 그때 그 밤의 눈물이 생각이 난다. 기억만 있고 이해가
없었던 그때의 순간이 나의 삶에 들어온 날이다.

에이프런이 지금처럼 라이프 스타일의 멋스러움을 더하는 잇 아이템이
아니라, 살림하는데 필수라고 하기에도 사치스러운 '앞치마'였던 그 시절.
엄마의 변변찮았던 그 앞치마가 생각난다. 늘상 젖은 손을 닦아내기에
바빴고 가끔은 눈물도 훔쳤을 엄마의 앞치마. 엄마이기 때문에 그럴
수밖에 없었을 부지런함과 여자이기 때문에 느꼈을 외로움. 자식 셋을
키우는 일이 가끔은 버거웠을 그 마음까지. 앞치마는 그 모든 순간에
엄마와 함께였다.

그렇게 엄마와 닮은 딸은 지금 엄마처럼 산다. 살림이라는 것이 그렇다. 어제 했던 청소를 또 해야 하고 어제도 밥 했는데 오늘도 밥을 해야 한다. 가끔 아이들에게 방 정리 좀 하라고 목이 쉬도록 잔소리도 하고 왜 이리 빨랫감을 많이 내놓느냐고 말도 안 되게 투덜거린다. 설거지는 두 말하면 잔소리다. 학교로 유치원으로 직장으로 남편과 아이들을 보내고 난 아침. 식탁의자에 앉아 긴 한숨을 내쉰다. 여자가 '아내'이고 '엄마'인 것처럼 나도 아내이고 엄마다. 힘들어도 부지런해야 반짝반짝 빛이 나는 살림. 아주 가끔은 신이 나기도 하는 살림. 그래서 오늘도 앞치마를 찾아 입는다.

무지 스타일
앞치마

허리에서 자연스럽게 묶어주는 스타일의 하프 앞치마는 편하기도 하지만 때로는 패션 아이템처럼 멋스럽기도 하다. 두께가 얇은 원단을 이용해서 양면으로 만들면 두 가지 스타일로 즐길 수 있다.

재료

겉감: 82×52cm 2장 / 끈: 8×250cm 1장 / 포켓: 27×37cm 1장, 19×23cm 2장 /
라벨: 2개

만드는 방법

1 앞포켓은 시접 1cm로 한 번 접어 다대심지를 붙이고 윗부분만 미리
   박아둔다.

2 몸판에 적당한 위치를 잡아 0.2cm 간격으로 3면을 상침하여 고정시킨다.

3 반대편의 뒷포켓도 같은 방법으로 박아주되 가운데를 한 번 더 박아주어
   포켓을 나누어준다.

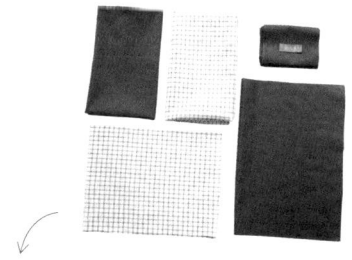

1 2 3

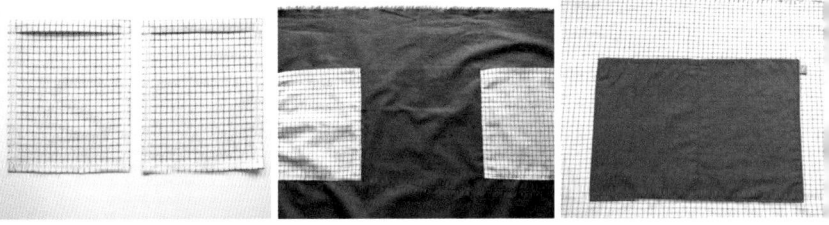

4 완성된 겉감 2장의 겉끼리 마주대고 3면을 박아준다.

5 뒤집어서 1cm 간격으로 3면을 상침해준다.

6 허리끈과 몸판이 연결되는 부분의 겉끼리 마주대고 시접 1cm로
   박아준다.

7 허리끈의 나머지 부분은 겉이 마주 닿게 길게 반으로 접어 시접 1cm로
   둘레를 박아준다.

8 끈의 겉이 나오게 뒤집어주고 몸판의 반대쪽 허리끈 시접을 1cm
   접어넣어 상침해준다.

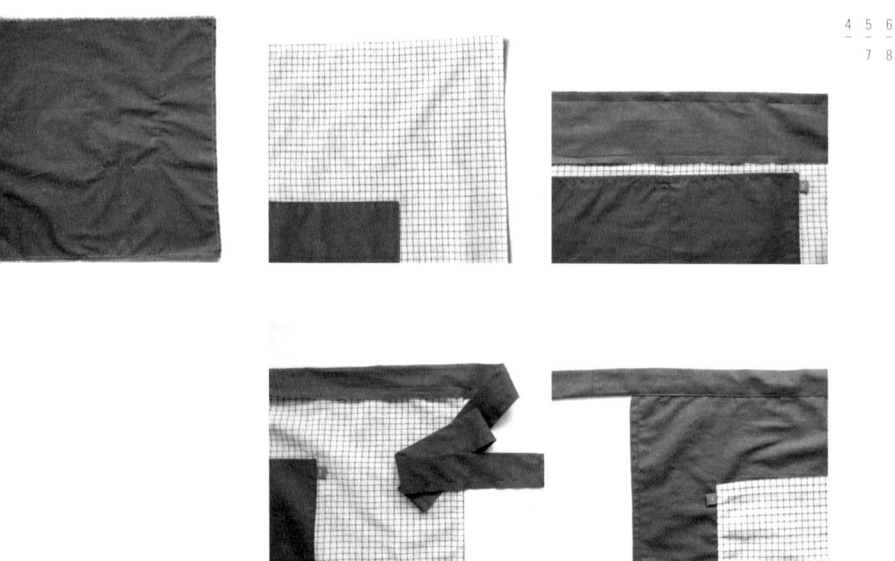

원피스 스타일
앞치마

앞치마를 입고 집 앞에 나갈 일이 있을 때 이렇게 원피스 같은 스타일의 베이직 앞치마는 어떨까. 네크라인이 넉넉한 패턴이라 단추를 채워놓아도 입고 벗기 좋다.

(앞)도안 1장 / (뒤)도안 2장 / 주머니: 19×19cm 2장 / 바이어스(약 50cm) 1장

※ 시접: 뒤중심 3cm, 나머지 1cm

만드는 방법

1 앞판과 뒤판의 어깨를 시접 1cm 박고 시접은 오버로크 해준다. 앞판과
   뒤판의 옆선 역시 박아서 시접은 오버로크 해준다.

2 뒤판의 끝을 3cm 안쪽으로 접고 다시 1cm 바깥으로 접어 바이어스의
   겉을 마주대고 네크라인을 따라 박아준다.

3 뒤집기 전 끝을 사선으로 약간 잘라준다. 바이어스를 안쪽으로 넘겨
   뒤집어준다.

4 바이어스를 안쪽으로 접어준 다음, 바이어스 끝을 따라 상침해준다.

5 바이어스의 겉을 마주대고 암홀라인을 따라 박아준 다음, 시접을 0.5cm
   내외로 잘라낸다. 그 다음 바이어스를 안쪽으로 넘겨 상침해준다.

6 아랫단 끝의 시접을 3cm 안쪽으로 접고 다시 1cm 바깥으로 접어 살짝
   박아준다. 뒷단과 아랫단을 뒤집어 시접을 각각 접어 넣고 박아준다.

7 뒤판 왼쪽에 단추 구멍을 뚫어주고, 뒤판 오른쪽 같은 위치에 단추를
   달아준다.

8 주머니감은 시접을 1cm 접어 다리고 위쪽은 1cm, 2cm씩 각각 접어
   박은 후 테이프형 접착심지를 붙여 만들어준다. 완성된 앞치마의 옆선에
   위치를 잡고 주머니 3면을 박아 고정한다.

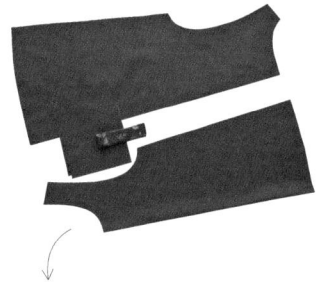

1 2 3
4 5 6
7 8

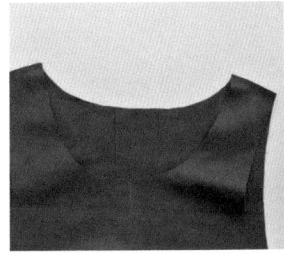
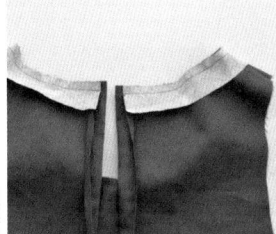
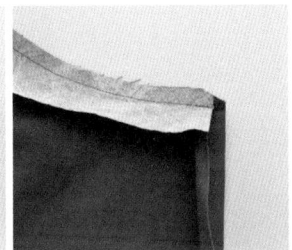

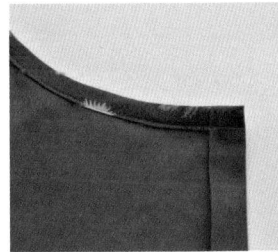

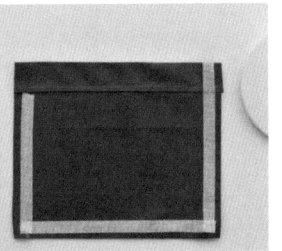

린넨
앞치마

린넨의 느낌을 그대로 살린 앞치마. 목에 걸치지 않는 스타일이라 덜 신경 쓰인다. 음식이 좀 묻어도 밀가루가 좀 묻어도 왠지 더 멋스러워지는 그런 앞치마 덕택에 요리가 더 즐거워진다.

재료

(앞)도안 1장 / 바이어스(폭 3.5×길이 50cm) 2장 / 끈: 105×5cm 2장 /

주머니: 25×27cm 1장 / 라벨 1개

※ 시접: 암홀 1cm, 나머지 3cm

만드는 방법

1   옆선과 아랫던의 시접은 가가 1cm, 1 5cm씩 2번 접어 박고 앞판 암홀라인의 겉과 바이어스의 겉을 마주대고 박은 후 안쪽으로 넘겨박는다.

2   주머니는 시접을 접어 넣고 적당한 위치에 박는다. 끈은 두 번 접어 박아 완성하고 앞판의 위쪽에 박아 고정한다.

3   옆선에 구멍을 만들어준다. 라벨을 손바느질로 달아준다.

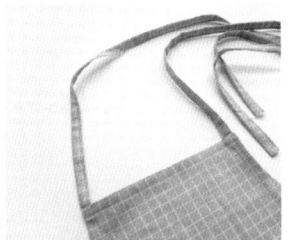
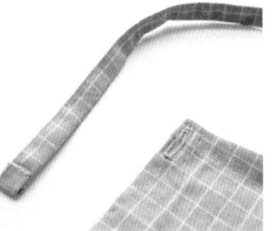

먹거리

○

말리기

10월이 지나
11월이 되었다.

어떤 날에는 볕이 아주 뜨거워 정말 가을인가 싶다가도
어떤 날에는 종일 제법 찬 비가 내려 이제 겨울이
금방이겠구나 싶다. 시간은 묶어둘 수 없다. 내리쬐던
뜨거운 햇살 중에 시원하게 불던 바람도, 아이와
산책길에 보았던 따뜻한 하늘도, 이른 새벽 어스름한

공기 냄새에 괜히 뒤척이던 그때도 말이다.

'해'가 해주는 일이 참 많다. 그리고 '시간'이 해주는 일이 참 많다. 잘 지워지지 않는 얼룩이 반나절만 햇볕에 걸어두어도 날아가 버리니 해와 시간은 그리고 바람은 참 고마운 그것.

먹거리들을 그런 햇볕에 말린다. 나의 '말려두기' 혹은 '그냥 두기'는 사실 식단을 생각하고 계획성 있게 하는 일은 아니다. 그저 그때그때 달라지는 재료들이 대부분이다. 양이 많지도 않다. 고구마가 지천일 때는 적당히 쪄서 먹기 좋은 크기로 잘라 말리는 정도고, 누가 표고버섯을 가득 나눠주면 칼질하기 쉬운 그것들을 붙잡고 두어 시간 동안 집중하는 정도다. 제주도에서 올라온 무농약 귤껍질을 당연하다는 듯이 음식물 쓰레기통에 버리다가도, 어느 날 갑자기 한 조각이라도 놓칠세라 열심히 모아 널어두기도 한다. 어릴 적, 귤 향기가 좋다며 뜨거운 아랫목에 껍질들을 늘어놓아 늘 어머니의 지청구를 들었던 아버지가 떠올라 피식 웃음이 난다.

얼마 전 지인이 나눠준 돼지감자 몇 알. 처음 대면한 생경스런 감자다. 이것들을 어떻게 요리 해먹을까 이틀 동안 노려보다가 마침내 얇게 저며 가을볕에 말려두었다. 완전히 마른 것이 확인되면 팬에 적당히

덮어주고 뜨거운 물에 우려낸다. 둥글레나 옥수수의 그것처럼 구수한
맛에 눈이 뜨이며 스스로에게 가산점을 많이 주는 말려두기가 되었다.
나는 마치 남편의 건강을 아주 잘 챙기는 아내처럼 당뇨에도 좋고 항산화
작용을 하니 몸에 좋다고, 수시로 끓여 남편의 밥상에 올려둔다. 시간을
고스란히 붙잡아둘 수 없어도 나의 말려두기 습관 덕분에 식탁에 하나가
더해졌다. 애완동물을 돌보고 키우는 재주는 없어도 베란다를 오며 가며
나의 먹거리들이 잘 있는지 살펴보고 들춰보고 뒤집어주는 재주는 있어
다행이다.

늦가을 무렵. 바람이 차가워지기 시작하고 잎이 바싹 마르는 어느
날엔가는 기다리기만 하면, 그러니까 그냥 두기만 하면 홍시가 되는
감들이 베란다에 놓여진다. 기다림이다. 제일 어려운 과정인 듯 하면서도
제일 쉬운 그것이다. 뭔가 해야만 할 것 같은 속내를 억누르는 것이
사실은 힘든 것이다. 아무것도 하지 않고 무심히 놓아두면 그저 햇볕이
해내는 일. 그런 기다림의 어느 날 끝에 연하고 달콤한 홍시가 어느새
눈앞에 놓여진다. 그렇게 시간이 만드는 풍경, 바람이 다독여주는
그것들을 가만히 바라보는 것이 어쩌면 세상에서 가장 쉬운 일일지도
모르겠다.

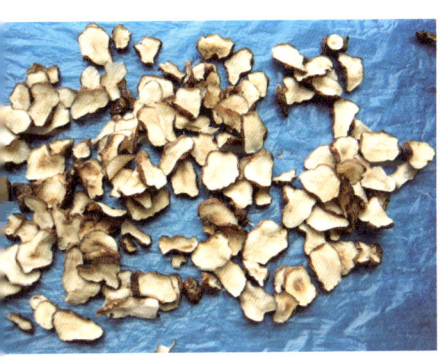

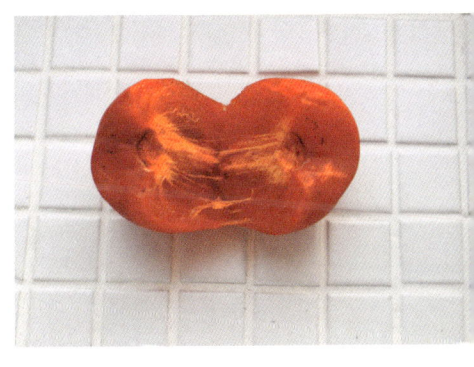

겨울

o

준비

겨울이 되었다.

추위를 타는 나는 겨울잠을 자는 동물이 되고 싶지만
그럴 수 없다는 게 진심으로 안타깝다. 그런 마음을
부여잡고 잠을 깬 새벽녘, 보일러 온도를 높여놓고
잘 돌아가는지 가만히 쳐다본다. 카페에서 뜨거운
핫초코를 주문하고 추운 공기를 즐긴다. 기모가 있는

바지를 꺼내 입고 뚱뚱해 보인다며 거울 앞에서 한참을 서 있다. 따뜻한
도서관에 앉아 재킷을 어깨에 걸쳐놓고도 잔뜩 웅크린다. 그렇게 긴긴
겨울을 견뎌낼 준비를 한다.

눈이 또 내린다. 밤새 내린 눈이 나무 위에도 지붕 위에도 쌓였다.
온 세상이 하얗다. 겨울은 싫지만 눈 내리는 풍경을 보는 것은 좋다.
입으로는 '춥다, 춥다' 연발이지만, 눈 내리는 날의 포근한 느낌은 참 좋다.
오래되어 낡을 대로 낡은 베란다 난간에 눈이 쌓이는 순간. 감성적이고
빈티지한 그것으로 달라 보이고, 오래된 빌라 옥상 위에 멋없이 놓여있던
장독들은 눈을 머리 위에 얹은 분위기 있는 사진 한 컷이 된다. 공원의
키만 큰 나무를 탕탕 찍어서 집으로 질질 끌고 와 트리를 만드는 상상을
해본다.

지난해 겨울 빙판길에서 미끄러져 엉치뼈에 금이 갔다. 걷거나 앉는 것에는 지장이 없었지만 누울 때는 눈물이 찔끔 날 정도로 아팠다. 나는 왜 이렇게 조심성이 없는 것일까 자책하다가 눈길에 미끄러지기나 하는 철없는 어른으로 결론짓고, 큰아이에게 조심성이 없다고 타박할 자격도 없다 했다. 겨울 내내 마음껏 움직이지 못하고 조심조심 작은 움직임으로 일상을 보냈다. 아무것도 할 수 없을 때 겸손해진다. 그렇게 아무것도 할 수 없을 때 본색이 드러나지 않기를 나는 또 생각한다.

베란다에서 오들오들 떨고 있는 화초와 다육이 화분들을 안으로 들였다. 그런 화분들을 바라보며 '해를 너무 못 봐서 웃자라면 안으로 들여놓으니만 못할 텐데'라고 한다. 그래서 잠깐의 추위도 몸소 견딜 착한 마음이 들 때면 커튼과 창을 열어두고 선심을 쓴다. 잠깐이니까 어서 광합성 하라고, 어서 햇볕의 에너지를 담으라고 속삭여준다. 그러면 정말로 부지런해지는 아이들. 시끌시끌한 장면들을 상상해본다. 겨울이니 이렇게 같이 지내보자.

김장 때문에 온 나라가 들썩인다. 김장을 시작했다 하면 이제 가을은 끝이다. 무도 뽑고 배추 밑둥을 잘라내며 이제 정말 겨울인가 한다. 봄을 목 빠지게 기다리는 어떤 날, 작은 틈에서 솟아난 새싹들을 보며 햇살이 제일 먼저 따뜻해지고 바람이 잦아들었다는 작은 속삭임부터 시작하려면 이렇게 겨울을 옹골차게 견뎌내야 한다. 바람, 눈, 추위를 견뎌내고 있는 나의 시간에는 그렇게 겨울이 가득 찼다. 나는 지금 겨울 중이다.

눈사람을 만들었다. 따뜻한 날 바람과 햇볕에 녹을 걸 알면서 왜 꽁꽁 언 손으로 힘들게 만드는 것인지 모르겠지만, 어쨌든 눈이 오면 '눈사람' 정도는 만들어야 한다. 서리태 콩을 좋아한다고 했다가 냉동실에 다 넣지 못할 정도로 많아진 콩알 몇 개는 올해 겨울 눈사람의 '눈'이 되는 호사를 누렸다. 몸통에 붙은 손은 꼭 나뭇가지로 꽂아 만들어야 하고 우리 모두가 생긴 모양이 다 다르듯 똑같이 만들지 않도록 신경 써야 한다. 작게 만든 나의 눈사람들은 꼭 주인 없는 낮은 담벼락에 올려두어야 한다. 그래놓고서는 누군가 망가뜨리지 않는지 주방 창으로 수시로 내다보고 감시하는 겨울의 어떤 날이다.

빵
○
굽는
일

빵을 굽는다. 스콘 때문이다. 홍차와 곁들여낸
그 사진에 그만 마음을 뺏겨버려서 마트에 가서
박력분이랑 베이킹파우더를 담았다. 어릴 적 옥수수
식빵에 박힌 건포도만 골라 먹는다고 엄마한테
혼이 났으니, 건포도도 두어 봉지 넉넉하게 담는다.
타샤 튜더 할머니처럼 오래된 벽난로가 있는 집에서
굽지는 못하지만, 냉장고 사고 덤으로 받은 작은
미니오븐으로도 나의 베이킹에는 부족함이 없다.

스콘이 구워졌다. 집 안에 향긋하게 빵 굽는 냄새가 가득해지고 각자의
방에서 뭘 하다가도 오븐 속을 들여다보느라 식구들이 들락날락 한다.
사실 스콘은 만들기도 비교적 쉽고 재료도 그다지 어렵지 않음에도, 나의
자부심은 하늘을 찌른다. 오븐에서 '땡'하는 소리가 나자마자 식힘망에
올려두고 뜨거운 스콘을 식힌다. 누군가는 커피를 내리고 누군가는 발을
동동 구르며 빨리 먹고 싶다고 아우성을 친다. 스콘을 굽는 이유다.

스콘

만들기

박력분 280g, 베이킹파우더 2t, 버터 150g, 계란노른자 2개분, 설탕 130g,

우유 200g, 건포도 100g, 소금 1/2t

만드는 방법

1 박력분과 베이킹파우더를 같이 체에 내리고 버터를 최대한 잘게 썰어 체
   친 박력분과 포슬포슬하게 섞는다.

2 계란노른자와 설탕, 우유를 거품기로 저어서 1에 넣어주고 건포도를
   넣어 주걱으로 썰 듯이 반죽한다.

3 반죽을 비닐에 담아 냉장고에 최소 20분 동안 휴지시킨다.

4 세모 모양 또는 원하는 모양으로 만들어 트레이에 올린다.

5 계란노른자와 우유를 섞은 것을 윗부분에 바른다.

6 200도로 예열한 오븐에서 20분간 굽는다.

크리스마스다. 쿠키를 굽는 이유가 충분한 시간이다. 밀가루를 체질하여 내리는 시간. 버터를 실온에 두고 기다리는 시간. 반죽을 냉장고에서 적당히 휴지시키는 동안 테이블 한가득 가루가 묻은 조리도구들을 썻고 정리하며 다듬는 시간. 다 구워진 쿠키를 완전히 식혀서 예쁘게 포장하는 시간. 이 모든 시간이 나에게는 선물 같다. 꽃꽂이 하고 남은 편백의 초록색 잎을 짧게 잘라 겨울에도 초록색을 볼 수 있게 해주는 나의 작은 배려를 눈치채려나? '어제 구웠다'며 하루 지나 내미는 것보다 '오늘 구웠다'고 내미는 것이 더 좋을 듯하다. 약속 시간이 다가오는 동안 세수하고 화장하고 예쁜 옷을 골라 입는 것보다 더 두근거리는 시간. 크리스마스라서 그렇다. 쿠키를 굽는 이유다.

쿠키

만들기

재료

버터 150g, 슈거파우더 60g, 달걀 1개, 박력분 240g, 베이킹파우더 1g, 코코아가루 10g

만드는 방법

1 실온의 버터를 부드럽게 풀어주고 슈거파우더를 넣어 뽀얗게 믹싱한다.

2 달걀을 풀어 세 번에 나누어 빠르게 믹싱하고 박력분과 베이킹파우더를
   체질하여 섞은 뒤 양을 반으로 나눈다.

3 주걱으로 자르듯 섞은 후 약하게 손반죽 한다. 초코 반죽은
   코코아가루를 넣어준다.

4 반죽은 비닐팩에 넣어 냉장고에서 30분간 휴지시킨다.

5 쿠키 틀로 찍어 모양을 낸다.

6 롤 모양 쿠키는 두 가지 반죽을 각각 밀대로 밀어 펼쳐주고 겹쳐서
   말아준 후 썰어준다.

7 팬닝하고 180도로 예열한 오븐에서 15분간 구워준다.

1
—
2
—
3
—
4
—
5
—
6
7

복작복작, 가족의 하루

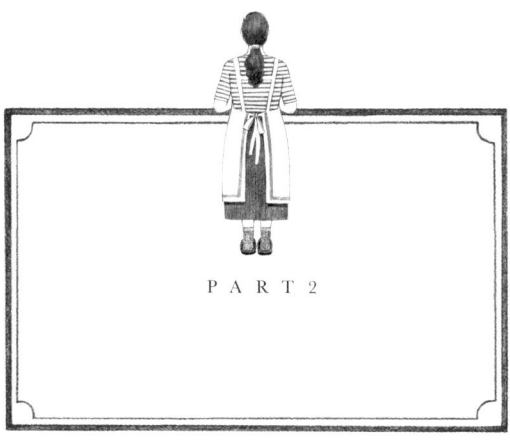

PART 2

친구 같은

○
엄마의
로망

둘째는 딸아이다.

삼십대의 후반에 낳은 아이는 참 감사하게도 잠도 잘
자고 잘 먹고 크게 아픈 곳 없이 너무나 순하게 잘 크고
있다. 8년 터울인 아들은 물론이고 나와 남편 모두
둘째가 딸이라서 너무 기뻤다. 병원에서 성별을 알았을
때 내 입은 정말 귀에 걸릴 정도였으니.

나에게 딸이 있으면 매일매일 머리를 곱게 빗겨주며 행복해하리라, 그런
일상을 상상한 적이 있다. 영화 '맘마미아'에서 결혼하는 딸의 머리를
만져주는 엄마의 모습이 그렇게도 부러울 수가 없었다. 그런데 정작
지금의 나는 아이의 머리를 예쁘게 묶어주는 스킬도 없고, 그러기엔 올해
일곱 살인 딸아이의 머리카락이 너무 더디게 자라는 것 같다. 눈꼬리가
올라가게 머리를 단단하게 묶어주는 것이 내겐 참 어려운 일이다. 그건
고사하고 땀이 많은 딸아이를 위해 고작해야 하나로 느슨하게 묶어주거나
양 갈래로 땋아주는 것이 최선이다. 옷에 대해서도 마찬가지다. 딸아이가
태어나면 매일 예쁜 옷을 입혀서 인형처럼 치장해줄 것 같았다.
주변에서도 분명 내가 그럴 것이라고 입을 모았다. 그런데 그렇지 않았다.
매번 예쁜 새 옷만 입혀주기엔 아이의 커가는 속도가 너무 빠르다는
핑계로, 주변에서 옷을 물려주면 깨끗하게 세탁해서 잘 입히며 키우고
있다. 그러다가 한 벌쯤 있어도 좋을 '예쁜 옷'이 하나도 없다거나
바느질하는 엄마가 너무 게으른 것 같은 분위기에 못 이기면 그제야
나의 손이 움직이기 시작한다. 그래서인지 딸아이는 엄마가 만들어준
옷이면 무조건 좋아해준다. 특히나 스커트나 베스트는 만들기도 쉽고
생색내기도 좋다. 내가 재봉틀 앞에 앉아있는 내내 딸아이는 왔다 갔다
하며 어깨 으쓱해질 정도의 감탄사를 내게 보내준다. 드디어 완성이 되어
두어 번 탁탁 털어 실밥을 정리하고 입혀주면, 시키지도 않았는데 일단
한 바퀴를 돌아보며 스커트 부분의 풍성함을 확인한다. 그리고는 이내

함박웃음을 보여준다. 웃으면 눈이 사라지는 딸아이의 얼굴이 나는 참 좋다. 뽀뽀하자고 하면 기분에 따라 볼을 대주기도, 입술을 쭉 내밀기도 하는 아이가 참 예쁘다.

친구 같은 엄마가 하루아침에 되는 건 아니겠지만, 나는 딸아이에게 특히나 그런 엄마이고 싶다. 반짝거리는 것보다 낡은 것에 열광하고, 정성들여 꼼꼼한 것보다 적당히 느슨한 것에 익숙하고, 온 마음을 쏟아 부어서 결과에 좌지우지되는 것보다 '무심한 매력'에 더 가치를 두며, 계절이 바뀌는 때를 놓치지 않고 즐길 수 있는 그런 감성을 가진 여자로 자라주었으면 좋겠다. 그런 딸아이를 머릿속에 그려놓고 나는 매일 매일 상상한다. 친구 같은 엄마와 딸.

그러나 그런 준비를 하기엔 세상은 무심하지 않다. '컬러풀'하며 '규격'이 있고 찍어낸 듯 '단체적'이다. 아침에 느슨하게 양 갈래로 땋아준 머리는 오후에 하원할 때 어린이집 선생님의 날렵하고 정확한 손길로 어김없이 정수리까지 올려져 잔머리 하나 없이 묶여있기 일쑤고, 신발이나 액세서리를 사러 가면 아이는 '반짝이는' 혹은 '핑크색'의 그 무엇을 귀신같이 골라낸다. 처음엔 엄마의 취향을 강요하며 선택권을 주지 않았다. 그런데 그런 딸아이의 모습들조차도 자연스럽게 즐기면 그만이었다. 마냥 아기 같던 아이가 어느 날 훌쩍 커버렸다고 느끼는

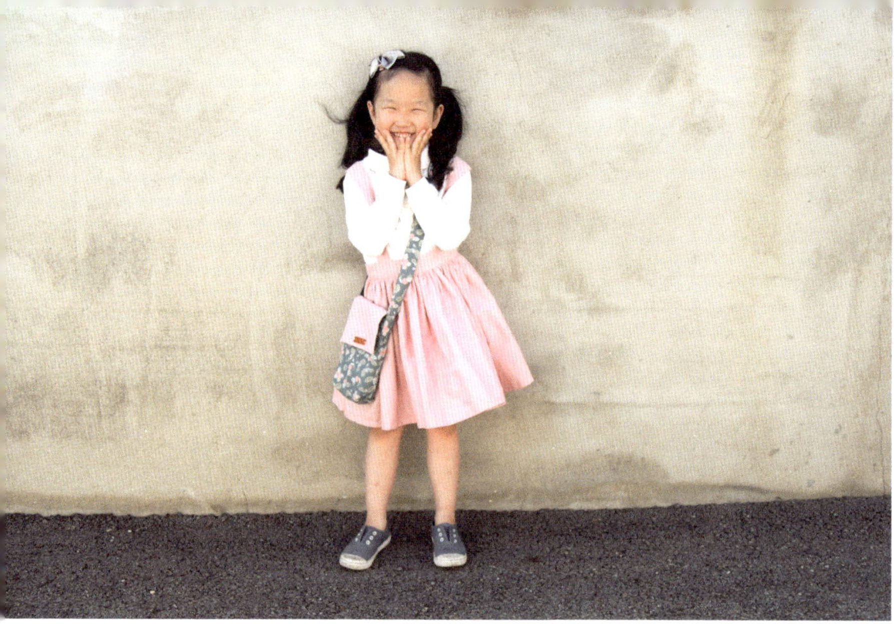

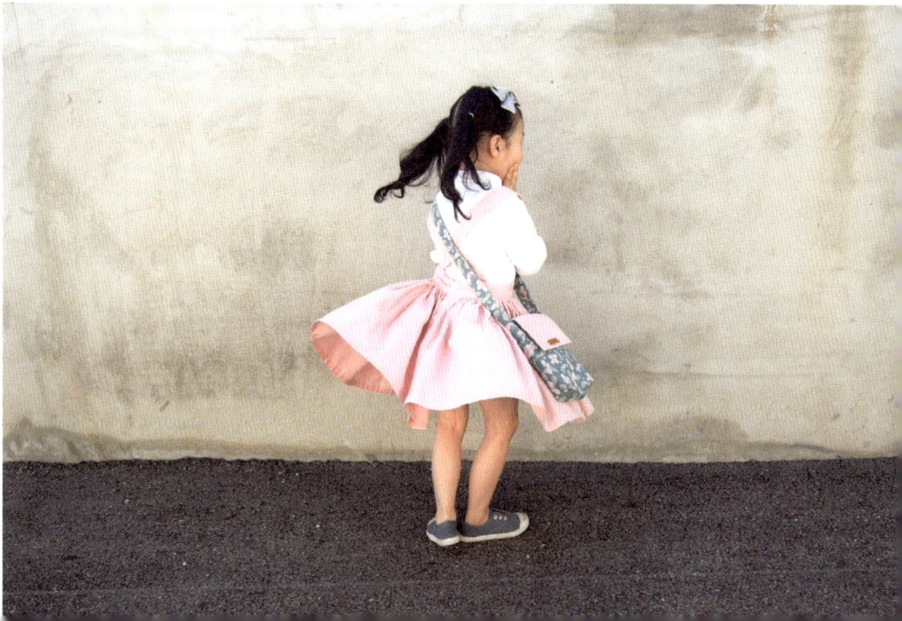

순간, 시간이 더디게 흐르기를 바라게 될 것이다. 급할 것은 없는 것 같다.

아이는 오늘 엄마가 만들어준 스커트를 입고 유치원에 갔다. 최대한 공주처럼 보이는 스커트를 골라서 입고 아직 물기가 남아있는 머리카락을 나부끼며 엄마에게 손을 흔든다.

아이가 웃는다.

아이옷 만들기

팁

되도록이면 면이나 감촉 좋은 린넨을 이용해서 만드는 것이 좋다. 기본적인 패턴을 아이 사이즈에 맞게 구비해두고 디자인을 조금씩 변형해가며 만든다.

겨자씨의 의류 패턴 구매 사이트

1. 러브패브릭: www.lovefabric.com
2. 조이오브메이킹: www.jom.pe.kr
3. 이지쏘잉: www.easy-sewing.co.kr

뒤쪽에서 단추로 어깨끈 길이를 조절할 수
있게 만든 오버롤 원피스.

베이직한 원피스나 티셔츠에 매치하면
사계절 내내 입을 수 있는 아이템.

지
금

。

변신 중이야?

세상에서 가장 어려운 것은
자녀를 잘 키우는 일이다.

아무것도 모르고 엄마가 되는 것이다. 아이를 열 달
동안 뱃속에 품고 '임산부'로 살아가는 것부터가
힘들다. 갓난아기를 밤이고 낮이고 돌보며 배고프면
젖을 주고 보채면 달래주고 졸려하면 재워주는 것도
쉬운 일이 아니다. 그러다 한밤에 아이가 불덩이라도

되면 가슴이 쿵 내려앉으며 어쩔 줄 몰라 했었다. 첫째 아이가 태어나서
'모유황달'로 신생아실에 입원했을 때에 우리 부부는 세상이 끝난 것처럼
울어댔다. 알고 보면 황달은 정말 아무것도 아닌데 말이다. 아이를 가진
'엄마'로서 '아빠'로서 무능함을 느낀 첫 번째 일이었다.

그렇게 아무것도 모르고 엄마가 되어 때로는 좌절하기도 하고 때로는
아이에게 상처를 주기도 했다. 때로는 아이와 부둥켜안고 울며 서로의
마음을 이야기하며 시간이 흘렀다. 그렇게 자란 첫째 아들은 엄마에게
늘 예쁜 미소를 보여주고 지친 일상에 마법처럼 힘이 되어주기도 하는
'해리포터'였다. 실제로 영화 해리포터 시리즈 전 편을 같이 보고 마법의
주문 몇 가지를 외워 해리포터처럼 서로에게 주문을 거는 흉내를 내기도
했다. 그렇게 아이가 어느새 중학생이 되었다. 모든 아이가 그렇듯
커갈수록 마치 악의 축인 '볼드모트'가 될 때가 가끔 있다. 그럴 때 아들은
'크루시오(Crucio: 상대에게 엄청난 고통을 주는 주문)!'라고 외치며
마법의 지팡이를 나를 향해 돌리는 것 같다. 괜히 막아본다고 어설프게
'피니트(Finite: 주문의 효과를 없애는 주문)!'라고 외쳤다가는 오히려
된통 당한다. 사춘기의 알 수 없는 감정이나 기분에 아들이 짜증을 낼
때면 나는 아주 불쌍한 표정을 지으며 "지금 변신 중이야?"라며 소심하게
물어본다. 대답은 없다. 그래도 나는 안다. 아이를 키우는 시간들을
통해 이제는 아주 조금 알게 되었다. 아이가 지금 성장의 과정을 겪고

있고 엄마인 나는 그저 지켜보고 이해해주면 된다는 것을, 그리고
아주 심한 상태일 때는 최대한 가까이 접근하지만 않으면 된다는 것을
말이다. 그리고 속으로 이렇게 주문을 외운다. '아씨오(Accio: 소환마법.
아씨오+사물 이름)~ 해리포터 같은 아들! 아씨오~ 착한 아들! 아씨오~
우리 아들!'

다시 변신 전으로 돌아왔을 때 언제 그랬냐는 듯 안아주면 된다. 거실
테이블을 사이에 두고 마주앉아 솔직한 대화를 하는 것도 잊지 않는다.
마주보는 것은 그래서 중요하다. 아이가 털어놓은 속마음이 정말 이해가
될 때가 있다. 이렇게 배운다. 방석 위에 마주 앉는 횟수가 줄어들긴
했지만 아직까지는 이 방법이 괜찮다. 언제까지 괜찮을지 모르기 때문에
계속 공부 **중**이다.

아이를 잘 키우는 것은 세상에서 가장 어려운 일이다. 결코 변함없을
것이다.

방석1

무지 스타일

방석

방석은 사계절 내내 집안을 빛내주는 리빙 아이템이다. 원단의 디자인에 따라 계절감이 느껴진다. 여름에는 스트라이프 패턴으로 시원함을 더해보자.

재료

윗면: 57×57cm 1장 / 아랫면: 50×57cm 1장, 28×57cm 1장

만드는 방법

1   방석 아랫면 원단 2장의 한쪽 끝을 시접 1cm 접고 2cm 접어 박는다.

2   방석 윗면의 겉과 아랫면 짧은 쪽의 겉이 마주 닿게 올리고 나머지 긴
     쪽의 겉을 올려 사방을 박아준 후 시접은 오버로크 한다.

3   뒤집어서 정리한 후 사방 3cm 간격으로 상침해준다.

1 2 3

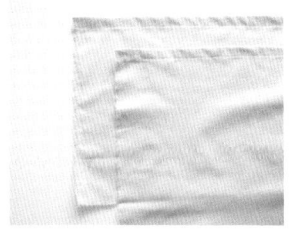  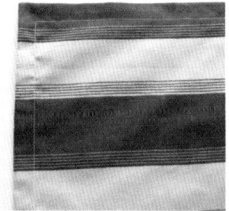

방석2

꽃이 있는
방석

마치 꽃밭에 앉듯 플라워 패턴의 원단으로 만든 방석. 가장자리를 파이핑으로 마무리해서 튼튼하고 깔끔하게 완성할 수 있다.

재료

윗면: 53×53cm 1장 / 아랫면: 53×34cm 1장, 53×24cm 1장 / 지퍼(40cm) 1개 /
파이핑(약 200cm)

만드는 방법

1   아랫면 원단의 겉과 겉을 마주대고 지퍼 부분을 제외한 양옆 6cm
    지점을 박아준다.

2   아랫면 원단 중 긴 쪽의 시접을 1cm 접어 지퍼 위에 박아준다.

3   아랫면 원단 중 짧은 쪽을 지퍼 위로 1.5cm 접어 덮은 후 뚜껑 모양으로
    박아준다.

1 2 3

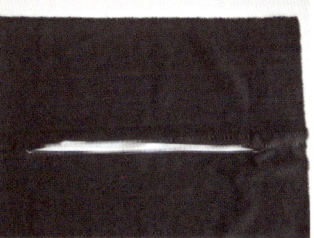

4   윗면 원단의 겉과 완성된 아랫면 원단의 겉끼리 마주대고 파이핑의
    시접을 사이에 넣어준다.

5   시접 1cm 간격으로 전체 네 면을 박아준다. 모서리 부분에는 파이핑의
    시접에 가위집을 주고 박아준다.

6   파이핑의 시작점 5cm 정도 전에 끝을 잘라주고 시접 1cm를 접어놓는다.

7   파이핑의 끝부분을 시작점의 아랫면에 놓고 포갠 후 나머지를 박아준다.

8   전체 시접을 오버로크 해주고 지퍼로 뒤집어준다.

 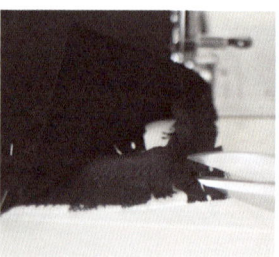 

절이기,
졸이기,

○
담기

언제부터인가 채소와 과일들을
유리병에 담는다.

청귤을 절이고 레몬을 담그고 딸기를 얼리고 포도를
담그고 사과를 졸인다. 청귤은 효능이 있네 없네
말들이 많지만, 나는 어쨌든 그 색깔이 주는 느낌이
좋아 담근다. 얇게 저며 설탕에 재어 소독한 유리병에
담아두면 노랑과 초록의 대비가 예뻐서 그 자체로

멋스런 주방 소품이 된다. 딸기는 제철일 때 많이 사다가 깨끗이 씻어 꼭지를 따내고 소분하여 냉동실에 얼려둔다. 우유와 꿀을 넣고 믹서에 갈아내기만 하면 아이들이 좋아하는 딸기 슬러시가 된다. 언제든 아이들의 엄지를 세워주는 착한 음료다.

영화 '리틀 포레스트'에서 처음 본 홀토마토는 나의 감성에 자극이 되었다. 그저 단순히 토마토를 오래 즐기기 위한 저장음식일 뿐인데, 아무것도 넣지 않고 살짝 끓여내어 유리병에 담아내었을 뿐인데, 어느 날 무엇에 홀린 듯 작은 방울토마토의 껍질을 하나하나 벗기는 일에 시간을 쏟고 있었다. 냉장고를 열 때마다 두 번째 칸에 자리 잡고 있는 홀토마토가 그렇게 든든할 수가 없었다.

어느 날은 멀리 있는 언니가 사과가 아주 맛있다며 한 박스를 보내왔다. 첫째 아이가 사과를 너무 좋아해서 사과가 먹고 싶다고 엉엉 울었다는 얘기를 들은 지인이 느닷없이 생각났다며 또 한 박스를 보내왔다. 둘째 아이가 유치원에서 '사과 따기' 체험을 하고 와서는 유치원 가방에서 사과 몇 알을 우르르 쏟아낸다. 냉장고는 한꺼번에 그 많은 사과를 담아내지 못했다. 깎아 먹고, 갈아 먹고, 또 깎아 먹고, 또 갈아 먹어도 줄어들지 않았다. 부피를 줄이는 가장 확실한 방법이 필요한 시점이다. 사과를 깨끗이 씻으면 껍질을 깎지 않아도 된다. 믹서에 갈아도 되지만

씹히는 식감이 좋아 작게 썰어 냄비에 졸인다. 설탕은 사과의 당도에 따라 또는 취향에 따라 적당히 가감한다. 시나몬 가루를 약간 넣은 사과잼은 그야말로 예술이다. 플레인 요구르트 위에 얹어내면 계절에 상관없이 아이들의 훌륭한 간식거리가 된다. 한아름 처치곤란의 사과는 마침내 유리병에 담겨 한없이 작아졌다. 예쁘게 포장해서 지인들과 나누어 먹으면 나는 착한 이웃이 된다. 그 많던 사과들은 마녀의 마법에라도 걸린 것인 양 나의 손을 거쳐서 작고 투명한 유리병에 갇혔다. 사과를 처치한 그 날은 큰 전쟁을 이겨낸 위풍당당한 장군이 된다.

청귤을 담고 딸기를 담는다. 붙잡아둘 수 없는 시간을 담고 기억을 담고 그날 쏟아지던 햇살을 담는다. 담다 보면 어느새 나는 시간을 놓치지 않았던 따뜻한 사람, 햇살 한 줌 허투루 하지 않았던 지혜로운 사람, 게으름 피우지 않고 부지런함을 갖춘 사람이 된다. 그것이면 충분하다. 다행히 맛있으면 좋고, 눈이 시어질 만큼 달콤 상큼하면 더 좋고, 다 마실 때까지 따뜻하면 더 좋겠다.

청귤청

담그는 방법

청귤청 1kg, 설탕 1kg(당도에 따라 적당히 가감)

만드는 방법

1 베이킹 소다를 풀어둔 물에 청귤을 10분 정도 담가둔 후 한 번 헹궈내고 식초를 떨어뜨린 물에 청귤을 하나씩 씻는다.

2 물기를 빼고 마른행주로 닦는다.

3 유리병은 열탕소독한 후 뜨거운 상태로 마른행주 위에 두고 완전히 마를 때까지 엎어둔다.

4 단면이 보이도록 양쪽 끝을 잘라내고 두께 1cm 내외로 썬다.

5 설탕과 1:1로 섞어 유리병에 담아낸다.

* 차가운 물과 섞어 시원한 음료수로 마시거나 따뜻한 차로 즐기기에 좋다.

1 2

시나몬을 넣은 사과잼
만드는 방법

재료

사과 500g, 설탕 400g, 시나몬 15g, 건포도 100g

만드는 방법

1   사과는 깨끗이 씻어 껍질째 잘게 썬다. 냄비에 잘게 썬 사과와 설탕을 나누어서 넣고 저어준다.
2   사과와 설탕을 모두 넣은 후 1시간 정도 저어가며 졸여준다. 건포도와 시나몬가루를 넣어서 한 번 더 졸여준다.
3   유리병에 나누어 담고 뚜껑을 닫은 상태로 열탕소독을 해준다.
*   플레인 요구르트에 사과잼을 올리고 얼린 오디나 블루베리 등을 함께 얹어낸다.
*   뚜껑에 원형스티커를 붙이고 패브릭을 원형으로 잘라 트와인끈으로 리본을 묶어서 포장한다.

1 2 3

홀토마토
만드는 방법

방울토마토 600g

1 방울토마토는 깨끗이 씻어 십자 모양으로 칼집을 내준다.

2 끓는 물에 살짝 데친다.

3 바로 건져내어 얼음물에 담갔다가 껍질을 벗겨낸다.

4 껍질 벗긴 토마토에 자작하게 물을 붓는다. 한번 끓어오르면 3분 정도
   유지했다가 불을 끄고 유리병에 바로 담는다.

* 한 그릇 음식에 사이드 메뉴로 담아내거나 파스타를 요리할 때
   토마토소스와 홀토마토를 함께 조리해서 얹어낸다.

$\frac{1}{3}$ $\frac{2}{4}$

따뜻한
음식

○

만들기

밤새 아파서 끙끙 앓았다.

아프면 괜히 서러워진다는 말처럼, 아프니까 세상 모든
것들이 다 슬퍼졌다. 너무 아파서 목구멍으로 삼키는
모든 것들에도 눈물이 났다. 아이의 웃음도 재미있는
장면에도 왠지 눈물이 난다. 약을 털어 넣고 꿈속에서도
피곤하고 힘들게 쫓겨 다니다가 깬다. 어릴 적 심하게

아프거나 많이 울어 눈이 통통 부은 날에는 엄마의 따뜻한 음식이 좋았다. 온도가 높아 따뜻한 것이 아니라 마음의 온도로 따뜻한 음식 말이다. '많이 아팠지?'라고 말하는 것 같은 음식. 냉동실에 있다가 전자레인지에 데우는 음식이 아니라, 방금 불에서 내린 따뜻한 음식. 김이 모락모락 나거나 따끈함이 느껴져서 몸도 마음도 그냥 행복해지는 그런 음식. 그렇게 따뜻함을 건넸던 엄마처럼, 나도 가족에게 따뜻한 음식을 내는 그런 엄마 그런 아내이고 싶어서 따뜻한 음식을 만든다.

아이는 잘 놀다가도 수틀리면 이유가 없이 혹은 납득할 수 없는 이유로 울곤 한다. 그런 아이에게 따뜻한 음식을 낸다. 사춘기 아들의 설명할 수 없는 감정에게, 토해내듯 쏟아낸 말들에게, 이조차도 다시 돌아올 수 없는 시간들에게, 남편과 다투고 난 뒤에는 도저히 좁혀지지 않는 차이만큼의 시간에게, 나는 위로하듯 '따뜻한 음식'을 만들어 마주 앉는다. 따뜻한 음식이 주는 치유의 시간이다. 따뜻한 음식은 우리 모두에게 언제나 옳거나 착한 그것이다.

독일식 식탁을 마주한 적은 절대 없지만, 영화 속에서 감자가 담긴 볼을 돌려가며 식탁에 모인 가족이 행복해 하는 장면을 언젠가 본 듯도 하다. 한 끼 식사로도 손색없는 감자샐러드는 따뜻하게 먹을 수 있어서 자주 먹게 된다. 감자샐러드를 담는 볼을 미리 따뜻하게 데워놓으면 먹는 동안 온도가 유지될 수 있다. 여름 감자보다는 겨울에 나온 감자가 쫄깃한 식감이 있어서 더 좋다.

감자샐러드
만들기

감자 4개, 베이컨 70g, 옥수수 250g, 양파 1개, 버터 15g

만드는 방법

1   감자는 껍질을 벗겨내고 적당한 크기로 깍둑썰기 한 후 살짝 삶아낸다.

2   버터를 녹여 채 썬 양파를 볶다가 잘게 썬 베이컨을 함께 볶는다.

3   물기를 뺀 삶은 감자와 옥수수를 넣고 한 번 더 볶아준 후 담아낸다.

1 2 3

스프는 꼭 양송이스프여야 한다. '양송이'라는 단어에서 왠지 벌써 위로가 되고 더군다나 '스프'에서 이미 따뜻해지지 않을 수가 없다. 버터의 양으로 고소한 맛을 조절하고 그릇에 담아낸 후 파슬리 가루를 적당히 뿌려준다.

양송이스프

만들기

재료

양송이버섯 500g, 버터 15g, 우유 300ml, 생크림 150ml, 양파 1/2개

만드는 방법

1 버섯의 껍질을 얇게 벗겨낸 다음, 절반은 크게 다지고 절반은 얇게
   저민다.
2 버터에 얇게 썬 양파를 투명해질 때까지 볶다가 다진 버섯을 넣어준다.
3 생크림을 넣어 살짝 익혀주고 얇게 저민 버섯을 넣는다. 한소끔 끓을 때
   우유를 넣어 농도를 조절한다.

사실 따지고 보면 아이들에게 만들어줄 수 있는 따뜻한 음료는 그리 많지 않다. 그래도 겨울에는 고구마가 있으니 다행이다. 한 냄비 쪄낸 고구마는 으레 두어 개씩 남아 식탁에서 며칠째 굴러다닌다. 그런 고구마를 라떼로 변신시킨다. 복잡한 레시피 없이 우유만 넣으면 되니 이보다 더 쉬운 따뜻한 음료가 어디 있을까. 추운 어느 날, 이 고구마라떼 한 잔이면 우리 아이들에게 나는 최고의 바리스타가 되고도 남는다. 따뜻한 라떼의 마법이다.

고구마라떼

만들기

고구마 1~2개, 우유·꿀 적당량, 시나몬가루 약간

만드는 방법

1   고구마는 냄비에 잠길 정도로 물을 붓고 부드럽게 삶아낸다. 껍질을
    벗기고 적당한 크기로 잘라둔다.
2   따뜻하게 데운 우유와 고구마를 믹서에 넣고 꿀을 약간 넣어 갈아준다.
3   컵에 담아내고 우유 거품을 올린 뒤 시나몬가루를 뿌린다.

물려주고

싶은
옷

옷이 좋다.

패션을 전공하게 된 이유는 사실 옷이 좋아서가 아니라
디자인에 관한 '무작정' 로망 때문이었다. 그러다
대학에서 의상에 관한 공부와 실습을 하면서 디자인에
따라 무궁무진하게 만들 수 있는 것이 바로 옷이라는
것을 알게 되었다. '옷'에 관한 새삼 새로운 관심과
지식이 생긴 것이다.

어릴 적 둘째였던 나는 거의 모든 옷을 언니나 사촌들에게 물려받았다. 그것에 대한 불만은 전혀 없었다. 자랄 때 내 또래들이 거의 다 그랬으므로. 엄마가 언니에게 새 옷을 사주면 나는 속도 없이 좋았다. 언니가 빨리 크거나 내가 자라서 그 옷을 입을 미래를 상상하면 정말 얼마 지나지 않아 내 옷이 되었기 때문이다. 그럼에도 새 옷에 대한 부러움은 어쩔 수 없었다. 사촌에게 물려받은 면 반바지가 내가 몇 번 입지도 않아 힘도 없이 찢어져버렸을 때에는 물려 입어야 하는 현실이 갑자기 슬프게 다가오기도 했다. 그때가 겨우 초등학교 4학년 때였지만 나름 꽤 심각한 고민이었을 것이다.

나는 지금노 누군가에게 옷을 잘 얻어 입는다. 비교적 무난한 신체사이즈 때문인지, 입던 것도 아무 거리낌 없이 잘 입어서인지, 어쨌거나 주변에서 옷을 잘 준다. 그럴 때마다 나는 진심으로 좋다. 옷장을 열어봐야 작년 이맘때 쯤엔 뭘 입었는지 의문스러울 정도로 입을 옷이 없다고 투덜대는 것이 매년 반복되니 마다할 이유가 없다. 그리고 고맙게도 내가 즐겨 입는 스타일에 맞게 옷이 주어진다. 누군가의 옷장에서는 관심 밖이었던 옷이 나에게 와서 날개가 되어주니 이보다 더 고마운 일이 어디 있겠는가.

어릴 적, 엄마가 오로지 나를 위한 옷을 사주신 선 다섯 손가락 안에 꼽힐

정도다. 하지만 그 중에서도 원피스를 사주시던 그 날이 아직 생생하게
기억난다. 시장에서 제일 큰 아동복 가게였다. 엄마는 위쪽에 진열된
여자아이 원피스를 한눈에 훑어보시더니 무늬가 크고 강렬한 색감의
원피스를 손가락으로 가리키셨다. 다분히 엄마의 취향이었지만 그런
것이 전혀 상관없다는 듯 엄마의 결정만을 기다렸다. 눈대중으로 보아도
치수가 맞을 듯 했지만 엄마는 굳이 탈의실로 들어가 입혀주셨고 나는
기다란 거울 앞에서 이리 저리 돌아가며 수줍은 마네킹이 되었다. 그렇게
'내 옷'이 된 원피스는 두 해 동안의 봄과 가을에 나의 평상복이 되었다.
언니도 입을 수 없고 남동생도 넘볼 수 없는 나의 옷이었다. 그 원피스는
그렇게 나에게 '새 옷' 이상이 되었다. 그랬던 원피스가 내 몸에 작아지면
애정도 자연스레 식었기 때문에 나보다 어린 사촌에게 물려질 수 있었다.
그래서일까, 지금의 내 아이들도 그렇게 키우고 있다. 물려받고 물려준다.
감사하게 입고 깨끗하게 물려준다. 옷을 좋아하지만 집착은 없다.

물려주어도 좋을 만한 아이 원피스를 만들어본다. 내추럴한 색감과
소재의 원피스라면 세월이 지날수록 빛이 날 것이다.

겨자씨의 바느질 관련 구매 사이트
1. 데일리라이크: www.dailylike.co.kr
2. 천가게: www.1000gage.co.kr
3. 네스홈: www.nesshome.com
4. 홈잉컴잉: www.homingcoming.com

허리선이 낮은 원피스는 아이에게 편한
디자인인데다가 비교적 오래 넉넉하게
입을 수 있다.

린넨 원단 중에서도 '워싱' 처리가
된 옷감은 세탁하면 할수록 튼튼
해지고 느낌이 좋아진다.

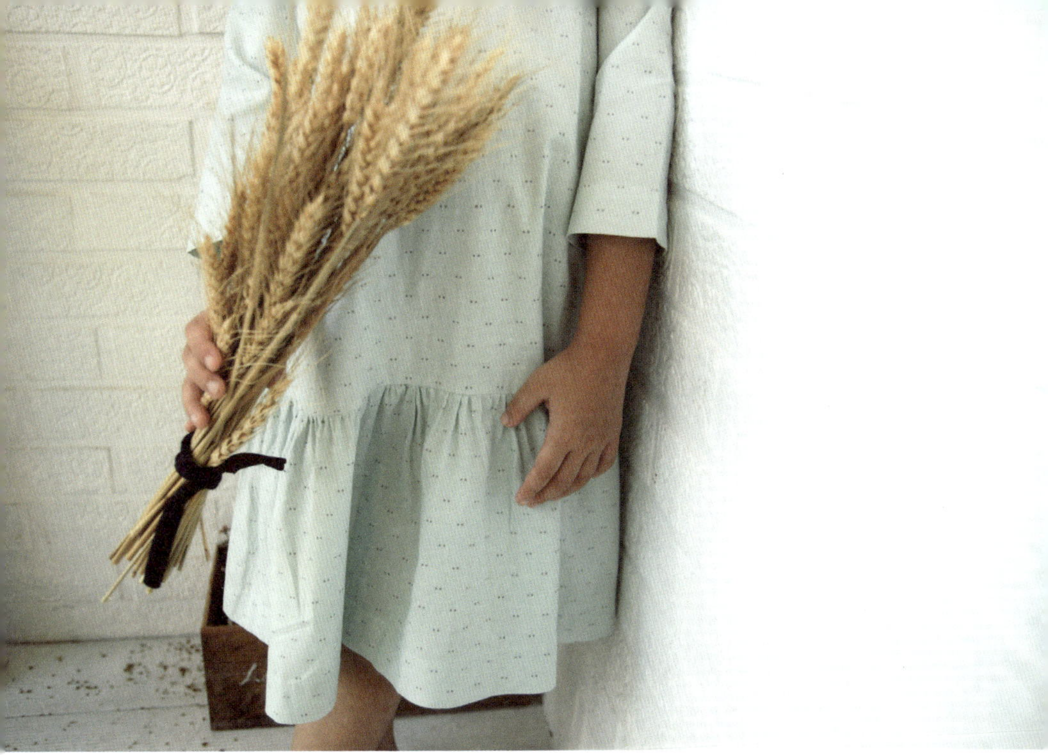

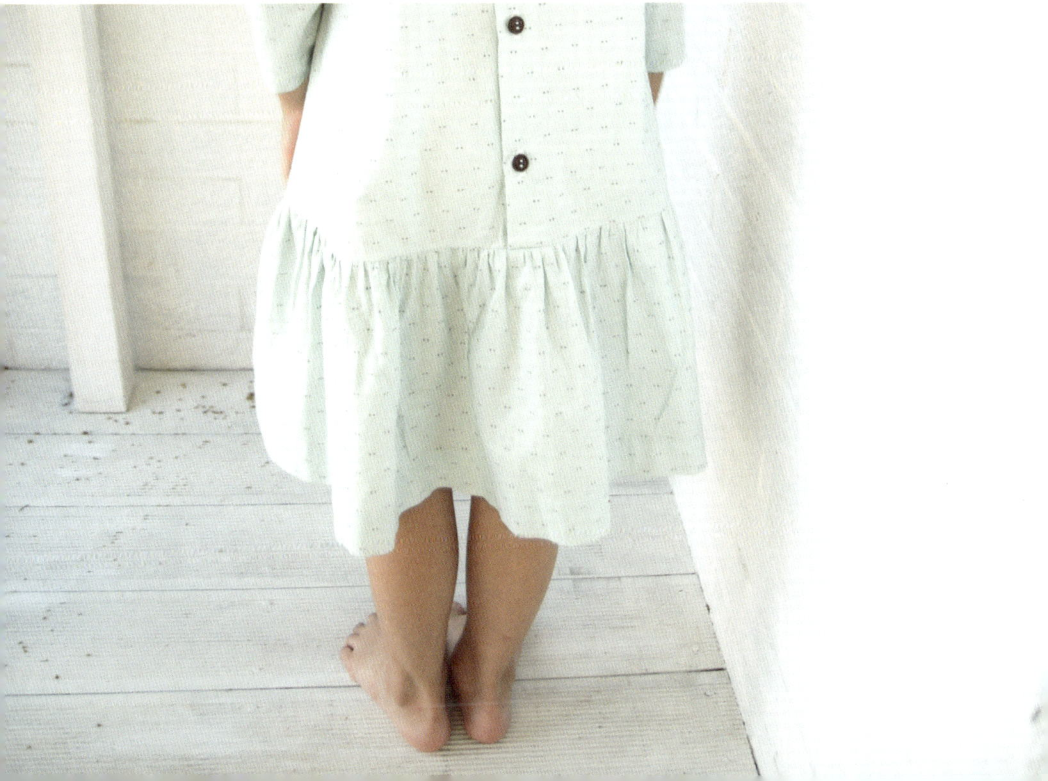

공주가

○
되고픈
아이

공주를 좋아하고
공주가 되고 싶어 하는 아이가 있다.

우리 집 둘째 아이다. 여느 여자아이가 그렇듯 나의
딸아이도 그렇다. 그런 딸아이가 공주처럼 예쁘고
화려한 것만 좋아하는 것이 아니라 감성적인 아이가
되어주면 좋겠다 바래본다.

어느 날은 공주가 나오는 책만 잔뜩 골라와서는 읽어달라 조른다. 백설공주, 신데렐라, 잠자는 숲 속의 공주, 엄지공주…. 세상에는 어쩜 그리 많은 공주들이 있는 것인지. 아이에게 동화책을 읽어줄 때면 나도 '공주가 좋은 여자'가 된다. 공주가 어려움에 처하면 나도 슬퍼진다. 신데렐라가 못된 언니들에게 괴롭힘을 당할 때는 분통이 터진다. 잠만 자던 공주가 왕자의 키스로 깨어날 때는 내 가슴이 다 두근두근거린다. 무도회에서 왕자와 춤을 추는 공주의 드레스 디자인을 놓고 이야기 할 때는 사뭇 진지해지기도 한다. 목 부분이 너무 파였다는 둥, 소매의 볼륨이 좀 더 풍성하면 좋겠다는 둥, 잘록한 허리 때문에 분명 답답할 거라는 둥.

그런 공주에게는 항상 왕자가 따라다닌다.

그 중에서도 내가 좋아하는 공주는 백조의 호수에 나오는 공주 '오데트'다. 이름도 왠지 멋진 '지크프리트' 왕자의 용맹스러움과 사랑으로 비로소 마법이 풀리는 진짜 '동화' 같은 이야기다. 사실 언젠가 영화 '빌리 엘리어트'를 보고 나서 왕자 역할을 맡은 발레리노에게 반해버린 때문이기도 하다. 얼굴도 예쁘고 마음도 예쁠 것 같은 오데트 공주는 발레 공연에서처럼 가녀리고 한없이 연약한 공주일 거야, 하며 딸아이에게 웃을 때는 입을 손으로 가리고 좀 여성스럽게 웃어보라고, 걸을 때도 사뿐사뿐 걸어보라 귀찮은 주문을 한다.

그리고 안데르센의 동화 '백조 왕자' 속에 나오는 공주도 빼놓을 수 없다. 어릴 때 이 동화를 몇 번이나 읽었는지 모르겠다. 이 공주는 아름다운 드레스를 입고 나오지는 않는다. 11명의 오빠에게 걸린 마법을 풀기 위해 쐐기풀로 오빠들의 옷을 짠다. 다 완성될 때까지 한마디도 하지 못한다. 쐐기풀을 찢어 실처럼 만들고 손에 상처가 깊어가도 오빠들에게 걸린 마법을 풀기 위한 손길을 멈추지 않았던 공주. 마녀로 오해를 받고 처형당하러 가는 길에도 공주의 뜨개질은 멈추지 않는다. 마침내 11명의 백조 왕자들이 공주에게 날아올 때에 공주는 미처 완성하지 못한 11벌의 옷을 하늘로 던지고 왕자들은 마법이 풀리게 된다. 아이에게 이 장면을 읽어주다가 울컥한다. 마침내 오빠들의 마법이 풀리고 외로웠던 공주가 행복해지는 것 같아 좋았다. 11명의 오빠들이 지켜주는 공주. 그 오빠들을 위해 희생하는 공주. 예쁘기만 한 것이 아니고 얼마나 멋지고 착한 공주인지.

'행복하게 잘 살았습니다'라고 끝나지 않는 공주 이야기는 없다. 마무리는 언제나 해피엔딩이다. 혹시나 슬프게 끝나지는 않을까 하는 불안함도 접어놓는다. 행복하게 끝나는 공주 이야기에 아이와 나도 행복해진다. 결말을 알고 보는 드라마처럼 재미없는 것도 없지만 그런 결말이 없는 공주 이야기라면 결코 읽고 싶지 않을 것 같다.

어느

。
저녁
풍경

이야기 하나

우리 집 거실에는 TV가 없다. 지금 살고 있는 집으로
이사를 오면서 TV 보는 시간을 줄여보자고 생각했고
뜻이 맞았던 우리는 TV 없는 거실을 가지게 되었다.
자연스럽게 각자의 일을 하는 풍경이 연출된다. 음악을
즐기고 기타를 좋아하는 남편은 얼마 전 새로운 곡
연습에 들어갔다. 무뚝뚝한 남편이 한없이 부드럽게
보이는 순간이다. 아들은 음악 수행평가를 준비하느라
'잭슨 파이브(Jackson Five)'의 '벤(Ben)'을 피아노로

연습 중이다. 계속 같은 부분을 틀려서 아주 살짝 거슬리기는 하지만 역시 듣기 좋다. 딸아이는 혼자서 1인 2역으로 선생님 흉내를 내며 조잘조잘 거리며 잘도 논다. 얼마 전부터 글자를 배우기 시작해 더듬더듬 책을 읽어내려가기도 한다. 이 모든 소리를 듣고 있는 나는, 지금 아주 심각한 고민에 빠졌다. 잘못 박아버린 바느질을 뜯을까 말까. 레이스나 단추로 가려볼까 생각 중이다.

이야기 둘

오늘 저녁엔 비가 쏟아진다. 비 오는 소리가 제법 괜찮다. 오늘 저녁 메뉴는 크림파스타로 정해진 것 같다. 청소나 정리정돈 등의 집안일은 잘 도와주는 편인데 부엌은 절대 가까이 오지 않는 남편에게 요리를 부탁했기 때문이다. 투덜대다가 인터넷으로 레시피를 검색하던 남편은 비교적 간단하게 완성할 수 있는 파스타를 위해 직접 마트에서 장을 봐온다. 면을 삶고 유리병에 담긴 크림소스를 넣고 볶기만 하면 된다나? 파스타면은 타이머까지 맞춰놓고 삶는다. 그래도 버섯과 베이컨에 연어 통조림까지 넣어 제법 그럴싸한 비주얼의 파스타가 완성되었다. 아이들과 엄지손가락을 올려가며 너무 맛있게 먹었다. 다음에는 무슨 요리를 해줄 거냐고 질문들이 쏟아진다.

이야기 셋

내일은 제주도 여행을 떠나는 날이다. 결혼 10주년에 두 아이를 데리고
다녀왔던 제주도가 다시 그리워진 까닭이다. 각종 기념일과 행사가
많은 5월. 갑작스레 결정하고 비행기 티켓을 예약하고 숙소를 잡았다.
네 식구가 3일 동안 지낼 짐들을 챙기다 보니 캐리어가 금방 채워진다.
아이들은 신이 났고 우리 부부도 괜히 들뜬 기분에 미소가 지어진다.
캐리어가 점점 뚱뚱해지자 열어서 꼭 필요한 것이 아닌 것부터 다시
꺼내기 시작한다. 내일 떠난다.

이야기 넷

2주째 기침이다. 특히 저녁엔 심해진다. 처음엔 걱정스레 바라보던
식구들이 이제는 슬슬 불편한 기색을 보인다. 그냥 감기 때문에 기침이
심해졌나 보다 스스로 진단하고 병원에는 갈 생각이 없다. 버텨볼
심산이다. 견디다 못했는지 아직 어린 딸아이는 '엄마, 시끄러워' 하며
귀를 막고 있고 아들은 내일은 꼭 병원에 갔다 오라고 나에게 약속을
받아내는 끈기를 보였다. 남편은 기관지에 좋은 것들을 검색하며
잔소리를 장전 중인 것 같다. 그러거나 말거나 나는 손에 잡은
바느질거리를 빨리 완성하고 싶어서 몰두한다. 지난 번 만든 실내화의
모양이 마음에 들지 않아 패턴을 다시 그렸다. 그렇게 만들기 시작한 두
번째 실내화가 완성 직전이다. 이 와중에 이런 소소한 일상의 저녁이 참
행복하다고 혼잣말을 한다.

무지 스타일

실내화

포근하게 발을 감싸주기도 하지만 멋스러운 리빙 아이템이기도 하다. 발 전
체를 감싸는 스타일로 즐기거나 뒷부분을 접어 편안하게 착용하기 좋다.

겉감: 도안 A 1장, 도안 B 1장 / 안감: 도안 A 1장, 도안 B 1장 / 접착심지: 도안 A 1장,

도안 B 1장

※ 도안 A-발등 / 도안 B-발바닥(좌우를 뒤집어 재단한다)

※ 시접: 겉감·안감 1cm, 접착심지 없음

만드는 방법

1   발등과 발바닥의 겉감 안쪽에 접착심지를 붙여준다.

2   발등의 겉을 마주대고 뒤쪽을 박아주고 시접은 양쪽으로 벌려 다려준다.

3   같은 방법으로 완성한 안감과 겉감을 겉끼리 마주대고 입구 부분만

    박아준다.

1 2 3

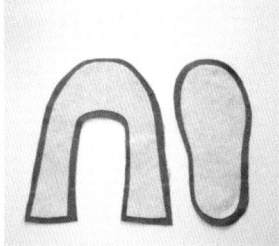

4 겉감의 겉이 보이게 뒤집어준다.

5 발바닥 안감 위에 4의 완성분을 올리고 시접 0.5cm로 둘레를 박아 임시 고정한다.

6 발바닥 겉감을 5의 위에 올려서 겉끼리 맞춰준다.

7 창구멍을 남기고 시접 1cm로 박아준다.

8 창구멍으로 뒤집어서 겉에서 공그르기로 마무리한다. 반대쪽도 같은 방법으로 만든다.

4 5 6

7 8

린넨
실내화

사계절 내내 편하게 신을 수 있는 실내화. 뒤쪽이 오픈형이라 신고 벗기도
편하다. 예쁜 패턴의 린넨으로 만든 실내화를 가족 식구 수대로 만들어보자.

재료

겉감: 도안 C 1장, 도안 D 1장 / 안감: 도안 C 1장, 도안 D 1장

※ 도안 C-발등 / 도안 D-발바닥(좌우를 뒤집어 재단한다)

※ 바닥 밑면은 미끄럼 방지 누빔 원단 사용

※ 시접: 겉감·안감 1cm

만드는 방법

1   발등 겉감과 안감의 겉을 마주대고 안쪽을 박아준다.

2   뒤집어준 후 나머지 곡선의 둘레를 0.5cm 간격으로 박아 고정한다.

3   바닥 겉감 위에 완성된 발등을 올려 시접 0.5cm 간격으로 박아
    고정시킨다.

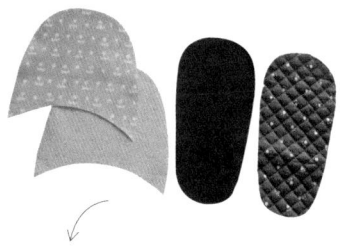

1 2 3

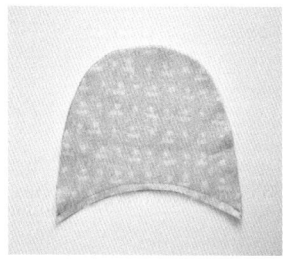 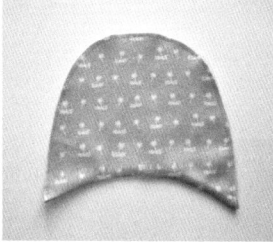 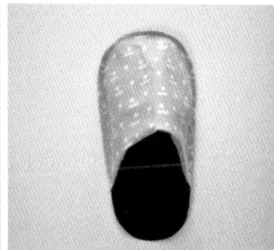

4 누빔지의 겉이 마주 닿게 발등 위에 포갠다.

5 완성선에 잘 맞추어 시침핀으로 고정시킨다.

6 옆선에 창구멍을 남기고 시접 1cm 간격으로 박는다.

7 창구멍으로 뒤집어준다.

8 창구멍은 공그르기로 마무리한다. 반대쪽도 같은 방법으로 만든다.

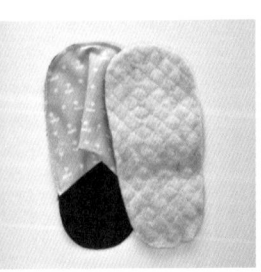 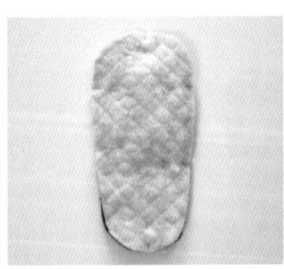 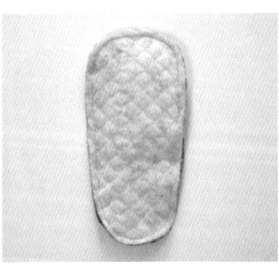

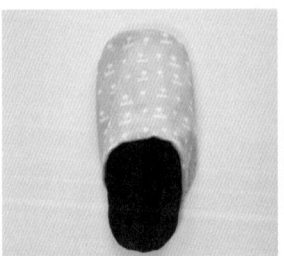 

오픈형
실내화

앞뒤가 뚫린 슬리퍼 실내화는 참 편하다. 신고 벗기도 편해서 집에서 마음
껏 즐기는 아이템. 바닥을 걸을 때 나는 타닥타닥 소리도 좋은 실내화다.

겉감: 도안 E 1장, 도안 D 1장 / 안감: 도안 E 1장, 도안 D 1장 / 접착심지: 도안 E 1장,

도안 D 1장 / 시판 플라스틱 바닥: 도안 D 1장 / 바이어스(약 60cm) 1장

※ 도안 E-발등 / 도안 D-발바닥(좌우를 뒤집어 재단한다)

※ 시접: 겉감·안감 1cm, 접착심지 없음

만드는 방법

1   발등 겉감에 심지를 붙이고 안감의 안과 마주 닿게 놓는다.

2   발등 겉감 위아래에 바이어스의 겉을 마주대고 시침편으로 고정한다.

3   0.7cm 간격으로 박는다.

1 2 3

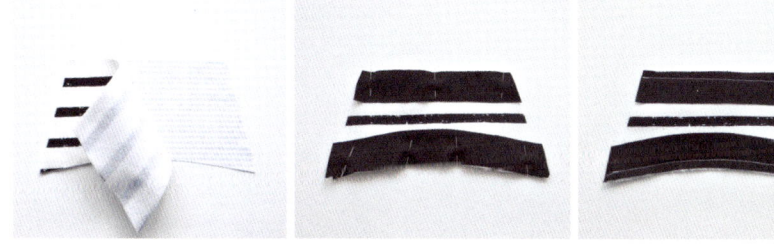

4 발등 안감이 보이게 놓고 바이어스를 넘겨 0.7cm 정도 접어서
   공그르기로 안감과 박아준다.

5 바닥의 윗면에 완성된 발등을 놓고 양쪽에 시침질로 임시 고정한다.

6 바이어스의 겉을 바닥의 끝선에 맞추어주고 시접 1cm 간격으로
   박아준다. 이때 바이어스의 시작 부분을 1.5cm 정도 접어서 시작한다.

7 바닥에 플라스틱 바닥과 누빔지를 겹쳐준다.

8 바이어스를 넘겨 시접 0.7cm 정도 접어서 공그르기로 누빔지와
   박아준다. 반대쪽도 같은 방법으로 만든다.

4	5	6
7	8	

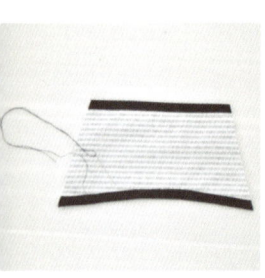

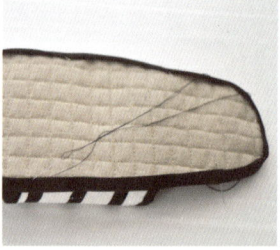

집
꾸
미
는

즐
거
움

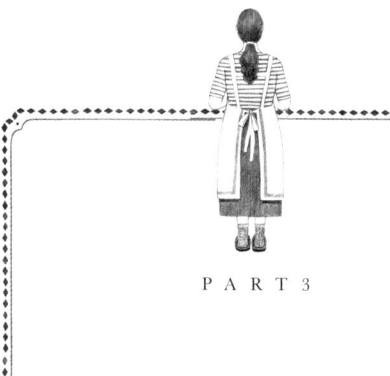

PART 3

커튼이

○
하늘거리는
오후

어떤 집을
꿈꾸는가?

14년의 결혼생활 동안 10번 가까이의 이사를 하면서도
'집'에 관한 로망과 감성은 사라지지 않았다. 결혼한
딸이 이사할 집을 보러 다닐 때마다 아빠는 집의 채광이
좋은지 화장실에 물이 새지는 않는지 몰딩은 깔끔하게
잘 시공되어 있는지 주변에 소음은 없는지를 항상

챙겨보라고 하셨다. 꾸미는 걸 좋아하는 내가 그런 기준들이 귀에 들어올
리가 없다. 좁은 집이든 넓은 집이든 좋은 집이든 불편한 집이든 나름대로
고쳐가며 꾸며가며 살아가고 있으니 말이다. 또 나는 바느질을 하는
사람이니까 커튼이며 이불, 쿠션 등을 만드는 일은 당연한 것이 되었다.
그 중에서도 커튼을 만드는 일은 늘 행복한 일이다. 방이나 창의 크기에
따라 혹은 채광의 정도에 따라 원단의 선택이 신중해야 한다. 그렇게
완성된 커튼을 거는 날이면 나는 한참이나 앉아 생각한다. 전셋집이라도,
혹은 은행의 힘을 많이 빌린 집이라도 그런 날은 괜히 행복해진다.

집에 관한 기억을 떠올리는 것은 언제나 좋다. 행복하지 못했던 기억
속에도 집은 항상 등장한다. 어릴 적 살았던 주택에는 작은 화단이
있었다. 젊은 시절 시골에서 농사를 지으며 자랐던 엄마는 작은 흙 밭을
결코 비워두지 않으셨다. 늦봄에 피던 커다란 모란꽃은 엄마가 정성을
많이 쏟았다는 증거였다. 그래서 '흙이 있는 화단이나 작은 텃밭'은
나에게 '집'이라는 명사 앞에 붙어다니는 수식어 중 하나가 되었다.

추운 겨울에는 따뜻한 이불 속에 누워 생각한다. 이렇게 추위를 피할 수
있어서, 이렇게 따뜻하게 누울 수 있는 집이 있어서 우리 가족은 얼마나
행복한가를 오래도록 생각해본다. 더운 여름에는 방마다 창을 열어놓고
시원하게 불어오는 바람을 맞는다. 몇 년 전 치열하게 더웠던 여름.

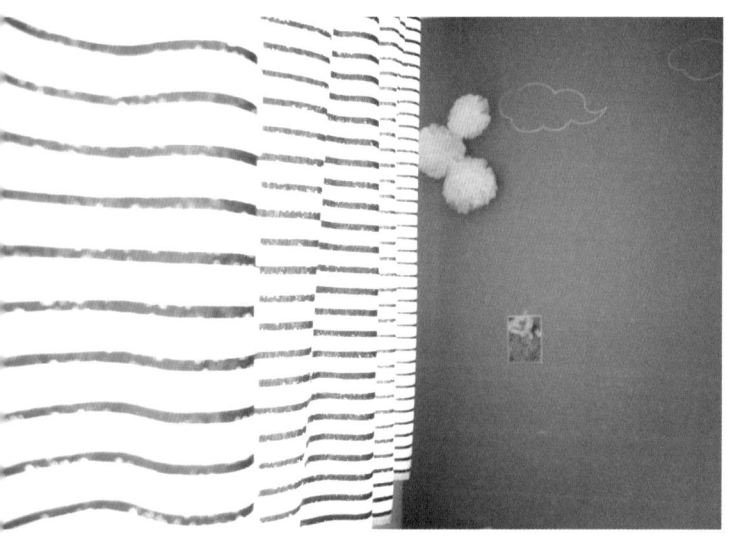

타는 듯한 날씨에 깜짝 놀라 구입한 에어컨도 사실은 필요 없다. 그냥
바람이 잘 통하는 집인 것이 얼마나 고맙고 좋은지 거실 바닥에 길게 누워
배시시 웃는다. 회사에서 지친 남편이 소파에 몸을 누일 수 있는 그런 집.
학교 체육시간에 땀을 많이 흘린 아들이 가방을 던져놓자마자 샤워하는
소리가 들리는 그런 집. 유치원에서 오늘 배운 놀이를 하며 선생님 흉내를
내는 딸아이의 작은 방이 있는 그런 집. 저녁이면 밥 짓는 고소한 냄새가
가득해지는 그런 집. 그런 집을 가진 나는 참 행복하다.

아들이 나중에 돈 많이 벌어서 아빠 엄마한테 크고 좋은 집 사준다는
기한 없는 약속에도 마냥 행복하다. 집이란 그런 것이구나. 그렇게 가족을
지켜주고 모아주는 것이구나.

바람이 분다. 커튼 자락이 하늘거리는 오후. 바람과 햇살도 우리 집에
놀러와 한참을 있다 간다.

무지 스타일
커튼

일정한 간격으로 주름을 잡아준 커튼은 가장 기본적인 형태이다. 체크 패턴으로 만든다면 어떤 분위기에도 자연스럽게 어울릴 것이다. 비교적 가벼운 소재의 패브릭으로 만든 커튼은 창과 방의 분위기를 잡아주고 바람에 날리는 감성적인 느낌을 낸다.

재료

146×140cm 2장, 커튼 핀

만드는 방법

1 양옆 시접은 1cm씩 2번 집어 박아주고 위쪽은 1cm, 5cm 접어 박는다. 아랫단은 1cm, 3cm 접어 박아서 마무리한다.

2 24cm 간격으로 2cm씩, 8cm 분량의 맞주름을 잡아 위에서 5cm 내려온 지점에 가로로 박아서 주름을 잡아준다.

3 윗부분에 바늘로 실을 여러 번 감아 주름을 고정한다. 총 5개의 주름을 만든다.

4 뒤집어서 주름 부분에 커튼 핀을 꽂아준다.

1 2 3 4

고리형
커튼

커튼 핀이나 플라스틱 고리가 없는 커튼은 열고 닫을 때 소리가 나지 않아 좋다. 고리와 커튼의 원단 매치에 따라 다양한 스타일의 커튼을 완성할 수 있다.

재료

커튼: 140×225cm 2장 / 윗단: 10×140cm 2장 / 고리: 9.5×25cm 21장

만드는 방법

1   고리 원단을 겉끼리 길게 반 접어 시접 1cm로 박아준다.

2   시접이 가운데 오도록 갈라서 접어 다려준다.

3   겉이 보이도록 뒤집고, 같은 방식으로 21개의 고리를 완성한다.

1 2 3

4 커튼감 2장의 한쪽을 시접 1cm로 박아 폭을 연결한다. 원단도 같은
   방법으로 연결한다.

5 커튼감과 윗단의 겉 사이에 반으로 접은 고리를 끼워서 간격을 맞추고
   시접 1cm로 박아준다.

6 고리가 나오게 뒤집어주고 옆선의 시접과 윗단의 시접을 접어준다.

7 윗단을 커튼 쪽으로 접어 완성선을 따라 박아준다.

8 밑단은 시접 1cm를 접고 다시 5cm 접어 올려 박아준다.

4	5	6
	7	8

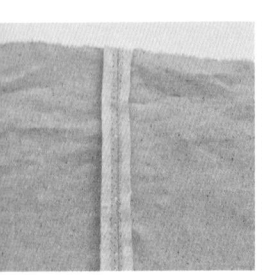  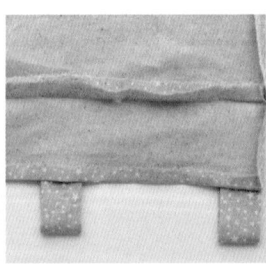

간단한 집게형
커튼

바느질에 서투르다면 집게형 커튼을 추천한다. 사방을 접어서 박기만 하면 되니 비교적 간단하게 완성할 수 있다. 방이나 창의 분위기 혹은 계절에 따라 원단을 고르는 센스를 더해보자.

재료

140×147cm 2장, 집게 일체형 커튼 고리

만드는 방법

1 시접 2cm씩 라인을 2줄 그려준다.
2 모서리를 삼각형으로 집어 올린다.
3 모서리 끝은 적당히 잘라낸다.

1 2 3
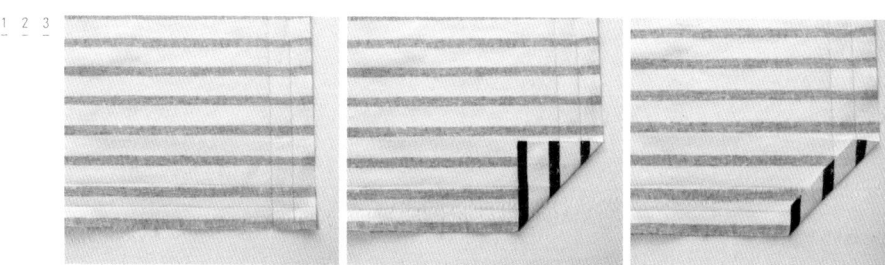

4   시접 2cm씩 한 번 접어준다.

5   시접 2cm씩 한 번 더 접어 모양을 잡아준다.

6   안쪽 라인을 따라 박아준다.

7   집게에 걸어준다.

손바느질

○

패브릭
매트

바느질이 좋다.

사람의 생김새가 다 다르듯 누군가에게 있는 능력이나
재주도 다 각각이다. 어릴 적부터 부끄러움 많은
성격이었던 나는 국어시간에 일어나 교과서를 떨지도
않고 또박또박 잘 읽던 친구가 신기하기만 했다.
선생님께서 책을 읽으라고 시키면 다리가 후들거리고

목소리가 떨렸던 나로서는 그 친구가 여간 부러운 것이 아니었다.

대신 나는 바느질을 좋아한다. 만들고 싶은 것이 생각나면 자다가도 벌떡
일어나 바늘과 가위를 들고 원단을 자르고 있다. 대학 전공을 정할 때에는
막연히 '디자인'을 해보고 싶다는 생각으로 패션디자인과에 원서를
넣었다. 입학하고 보니 상상했던 것과는 달리 패턴도 계산해서 그려야
하고 드로잉도 잘해야 하고 컬러도 이론적으로 공부할 것이 많았다.
더군다나 공업용 재봉틀로 옷도 척척 만들어야 했다. 재봉에는 그다지
꼼꼼하지 못해서 디자인한 옷을 만들어 제출해야 하는 과제에서는 어떻게
하면 재봉할 때 쉽게 할 수 있을까 궁리하며 디테일을 줄이는 잔꾀를
부려보기도 했다. 졸업 후 디자이너가 되지는 않았지만 디스플레이
분야의 일을 하며 꽤 즐거운 직장생활도 해보았다. 결혼과 육아로
자연스레 일을 그만두게 되었을 때에도 내 삶에는 바느질이 항상 있었다.
남편이 사준 '아내의 취향이 100% 반영된 가정용 재봉틀'로 파우치나
티매트, 에코백 등을 만들어 지인들에게 선물하는 것이 지금도 좋다.

바느질을 잘 하는 것이 나만이 가진 재능이 아닐 것이다. 누군가는 이런
나를 보고 대단하다거나 신기하다고 한다. 일명 '바느질 전문가'라는
과한 칭찬이 들려올 때면 그야말로 눈이 동그래진다. 그럴 때마다 손사래
치며 누구나 배우면 다 할 수 있는 거라고 겸손을 떨어본다. 야무지지

못한 바느질 솜씨가 가끔 부끄러워지기도 한다. 지퍼 달기 귀찮아서
대충 여며놓은 것이라든지, 길이가 맞지 않아 주름처럼 만들어놓은
것이라든지, 실을 갈아 끼우기 귀찮아서 원단과 반대되는 엉뚱한 색의
실로 재봉한 것들을 털어놓는다. 그럼에도 그런 것쯤 상관없다는 듯 계속
칭찬이다. 국어책을 또박또박 읽던 친구를 보던 나의 모습이다.

그렇게 누군가에게는 대단해 보이는 재능이 나에게 있다는 것이 새삼
감사하다. 바짓단이 길어서 수선해야겠다는 지인의 말에 내가 아주
감쪽같이 예쁘게 줄여주겠노라고, 아이 옷 중에 맘에 안 드는 부분이
있다는 말에 그런 것쯤 식은 죽 먹기라고, 잔뜩 일감을 받아와 전공을
살려본다. 무료한 일상을 보내는 지인들을 집에 모아놓고 일명 '원데이
클래스'를 하며 파우치 하나씩 만들어 가져갈 수 있게 해보기도 한다.
학교 다닐 때 가정시간에 배운 바느질이 하나도 생각나지 않는다며
홈질도 제대로 못하는 지인들을 보면 대략 난감해지기도 하지만
'반박음질'을 어떻게 하면 예쁘게 할 수 있는지 나만의 노하우를
가르쳐준다. 한꺼번에 서너 명을 도와주다 보면 어느새 이마에서 땀이
흐르고 나도 모르게 그들에게 '전문가'가 되고 있다.

오늘은 손바느질로 패브릭 매트를 만들었다. 공장에서 대량으로 만들어져

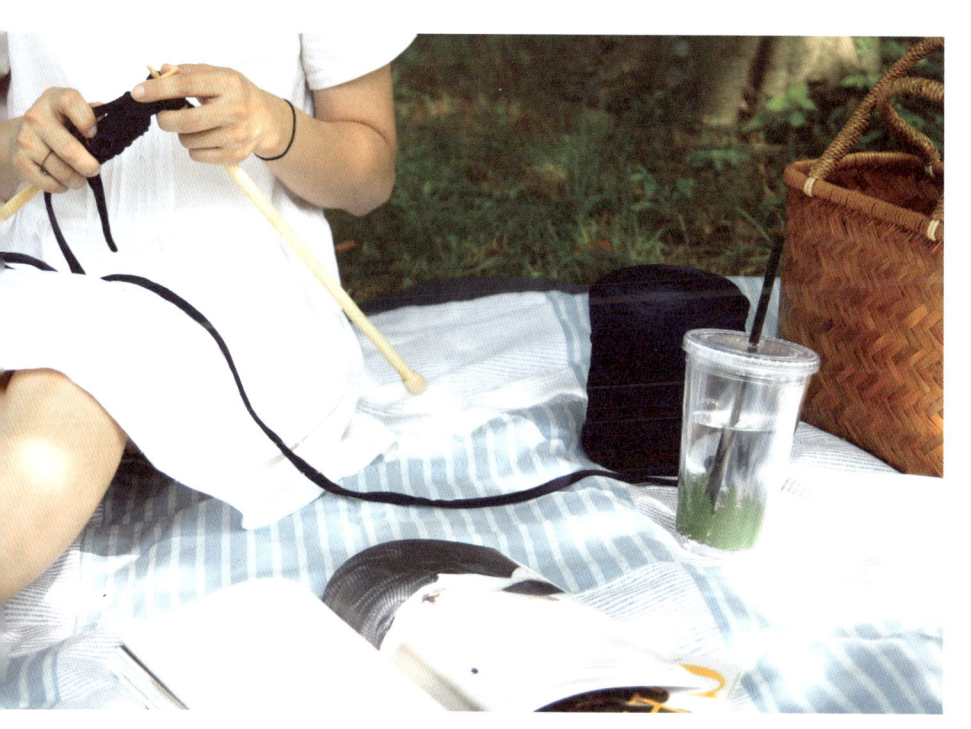

나오는 품질 좋은 매트들과는 비교가 안 되겠지만, 내가 가진 재능과 솜씨를 발휘해 한 땀 한 땀 바느질한다. 저녁에 집에 돌아온 남편과 아이들에게 자꾸 확인한다.

진짜 잘 만들었지?!!!

무지 스타일
매트

베이직하고 심플한 패턴의 무지 매트. 누빔지 뒷면에 원단을 한 장 덧대어 바이어스로 둘레를 박아주기만 하면 비교적 간단하게 완성되는 매트이다. 침대 위에 혹은 바닥에 직접 만든 매트 한 장 깔아보자.

재료

누빔지: 111×192cm 1장 / 린넨: 111×192cm 1장 / 바이어스(폭 10×길이 610cm) 1장

만드는 방법

1 바이어스의 양쪽 시접을 1cm씩 접고 가운데를 접어 준비한다.

2 바이어스를 누빔지의 겉에 올려 반박음질로 박아준다.

3 바이어스를 반 접어 모서리 끝에서 대각선으로 접어 올리고 반박음질로 박아준다.

4 끝선을 따라 반박음질 해주고 앞면 전체를 박아준다. 바이어스가 겹쳐지는 부분에서는 1cm 접어 넣어 마무리한다.

5 뒷면에 같은 크기의 린넨을 올려준다.

6 뒷면도 같은 방법으로 바이어스를 박아주되 모서리 부분을 대각선으로 펼쳐준다. 모서리를 접어 올리고 반박음질로 전체를 박아준다.

피크닉
매트

여러 가지 원단을 자유롭게 패치한 패브릭 매트는 피크닉을 더욱 감성적으로 돋보이게 만든다. 바닥을 방수 원단으로 만들면 야외에서 더욱 유용하게 쓸 수 있는 피크닉 매트가 된다.

재료

다양한 패턴의 원단: 20.5×20.5cm 56장 / 접착심지(4온스): 145×126cm /
방수 원단: 148×129cm 1장 / 퀼팅 실

만드는 방법1

1 같은 종류의 조각이 겹치지 않게 패브릭 원단을 미리 배치한다.

2 원단의 겉과 겉을 마주대고 시접 1cm로 박은 후 시접은 갈라서
   다림질한다.

3 이어지는 부분도 같은 방법으로 박아주고 시접은 갈라서 다림질한다.

1 2 3

4 완성된 전체 패브릭의 안쪽에 접착심지를 붙여준다.

5 시접선과 각 패브릭의 대각선을 따라 홈질하듯 퀼팅해준다.

6 라미네이팅 패브릭의 겉과 완성본의 겉을 마주대고 전체 테두리를
   창구멍을 남기고 박아준다(시접 1.5cm).

7 창구멍으로 전체를 뒤집어주고 공그르기로 마무리한다.

8 완성된 테두리를 따라 1.5cm 간격으로 상침한다.

만드는 방법2

* 1과 같은 방법으로 만들되 테두리를 액자형으로 해준다.

1 모서리에 4.5cm 간격으로 선을 그어준다.

2 모서리 끝을 잘라내고 완성선에 맞추어 대각선으로 접는다

3 시접 1cm를 접어 넣고 모서리를 맞춘다. 완성선을 따라 0.1~0.2cm
   간격으로 박아준다.

$$\begin{array}{ccc} \underline{4} & & \underline{5} \\ \underline{6} & \underline{7} & \underline{8} \\ 1 & 2 & 3 \end{array}$$

베이직

발 매트

화장실 앞이나 현관 앞에 꼭 필요한 발 매트. 베이직한 스타일로 만들어보자. 도톰한 압축솜을 넣어 폭신하고 두께감 있게 만들면 꽤 오래 동안 사용할 수 있다.

재료

아랫면: 40×70cm 1장 / 윗면: 30×60cm 1장 / 압축솜(4온스): 30×60cm 1장

만드는 방법

1 아랫면 원단을 깔고 압축솜과 윗면 원단을 중앙에 겹쳐준 후 사방 1cm,
   4cm 두 번 접어 넣어 손바느질로 홈질해준다.
2 모서리 부분은 바닥 원단을 대각선으로 잘라준다.
3 시접 1cm를 접은 상태로 한쪽을 접어준다. 대각선으로 자른 부분의
   원단을 시접 1cm 접고 나머지 한쪽도 시접 1cm 접어준다.
4 끝 선을 맞추어 접어 올려준다.
5 접은 선에 맞추어 홈질로 고정한다. 나머지 모서리도 같은 방법으로
   만든다.
6 완성된 윗면에 자수실로 일정한 간격을 두어 한 땀씩 떠서 압축솜과
   고정해준다.

나오는 품질 좋은 매트들과는 비교가 안 되겠지만, 내가 가진 재능과 솜씨를 발휘해 한 땀 한 땀 바느질한다. 저녁에 집에 돌아온 남편과 아이들에게 자꾸 확인한다.

진짜 잘 만들었지?!!!

무지 스타일
매트

베이직하고 심플한 패턴의 무지 매트. 누빔지 뒷면에 원단을 한 장 덧대어 바이어스로 둘레를 박아주기만 하면 비교적 간단하게 완성되는 매트이다. 침대 위에 혹은 바닥에 직접 만든 매트 한 장 깔아보자.

재료

누빔지: 111×192cm 1장 / 린넨: 111×192cm 1장 / 바이어스(폭 10×길이 610cm) 1장

만드는 방법

1 바이어스의 양쪽 시접을 1cm씩 접고 가운데를 접어 준비한다.
2 바이어스를 누빔지의 겉에 올려 반박음질로 박아준다.
3 바이어스를 반 접어 모서리 끝에서 대각선으로 접어 올리고 반박음질로 박아준다.
4 끝선을 따라 반박음질 해주고 앞면 전체를 박아준다. 바이어스가 겹쳐지는 부분에서는 1cm 접어 넣어 마무리한다.
5 뒷면에 같은 크기의 린넨을 올려준다.
6 뒷면도 같은 방법으로 바이어스를 박아주되 모서리 부분을 대각선으로 펼쳐준다. 모서리를 접어 올리고 반박음질로 전체를 박아준다.

대
충

○

대충
쿠션

뭐든지 뚝딱뚝딱 만드는 데
익숙하다.

공원에서 가지치기 하고 난 나무를 보면 집으로 질질
끌고 와 톱질해서 메모꽂이도 만들고 나무 목걸이도
만든다. 가끔은 잘 재단한 나무로 예쁜 간식 트레이도
만들곤 한다. 일종의 몸에 밴 습관 같은 거다.

특히 집을 꾸미는 것에 열심이다. 지금 살고 있는 집은 오래된 빌라라서
여기 저기 손볼 곳이 많았다. 오래된 벽지에 페인트를 칠하는 것은
기본이고 집 전체의 칙칙한 몰딩은 깔끔하게 페인팅하여 새 집처럼
꾸며주었다. 목공소에서 나무를 사다가 가벽을 만들기도 하고 작은
소가구도 직접 만들었다. 화장실은 천정에 나무를 덧대어 멋지게
바꿔주었고 수도꼭지만 있던 화장실 한켠에 세면대를 만들어주기도
했다. 아주 고풍스런 벽지의 작은방은 얼마 전 열심히 페인트를 칠해
구름도 그려주고 예쁜 책상도 들여서 딸아이 방으로 꾸며주었다. 짐만
쌓이기 일쑤였던 베란다 전체를 페인트로 칠해주고 나무로 진열대를
만들어 작은 베란다 정원을 꾸몄을 때는 집에 새로운 공간을 창조해낸 것
같아 뿌듯하기만 했다. 아이들이 돗자리를 펼쳐놓고 베란다 놀이터에서
재미있게 노는 것을 볼 때마다 나는 이런 것도 잘하고 얼마나 기특하냐며
남편에게 쓰다듬어 달라고 머리를 내밀어 보기도 한다.

몇 년 전부터 블로그도 만들어 그런 과정들을 기록으로 남겨두었다.
덕분에 리폼 관련 책도 한 권 출간했고 유명한 페인트나 목공 DIY 업체의
서포터즈나 작가 활동을 하는 기회를 가지기도 했다. 물론 바느질도

열심히 해서 쏘잉 관련 업체의 서포터즈 활동도 오랫동안 하고 있는 중이다. 내가 좋아하는 일들로 기회도 많이 얻었고 많은 혜택을 즐기고 있는 셈이다.

이런 나에게 '좀 못하는 척 해야 남자들이 도와준다'고 말해주는 사람들도 많다. 하지만 남편 앞에서 괜히 약한 척 해봤자 얼마 못 가 섬세하지 못한 것을 탓하며 페인트 붓을 뺏어들고 만다. 좀 허술하긴 해도 힘이 들긴 해도 혼자서 이렇게 해내는 것이 신이 나고 재미있다. 무리해서 끙끙 앓을 때도 많고 아이들에게 팔 다리를 주물러 달라고 할 때도 있지만 말이다.

새롭게 꾸민 거실 공간에 예쁜 그림 액자도 걸어두고 직접 만든 쿠션도 척 놓아본다. 이것쯤이야 하면서 만든 대충대충 쿠션은 얼마 못 가 아이들의 장난감이 되고 말겠지만, 이렇게 내 손으로 직접 꾸미고 만드는 것이 참 좋다. 이런 것들이 지겨워지지도 않고 왜 이리 오래도록 재미있는지 모르겠다.

오늘은 어떤 작업을 해볼까.

무지 스타일

쿠션

다양한 패턴 중에서도 체크와 도트는 늘 사랑받는 패턴이다. 특히 쿠션으로
만들어놓으면 집을 어떤 스타일로 꾸미든 무난하게 잘 어울린다. 패턴의 매
력이다.

앞면: 47×47cm 1장 / 뒷면: 30×47cm 1장, 37×47cm 1장

1   뒷면의 원단 한쪽 끝을 각각 1cm 접고 2cm 접어 끝선을 따라 박아준다.

2   앞면과 뒷면 2장을 겉끼리 마주대고 사방을 시접 1cm로 박아준다. 이때
    짧은 쪽 원단을 먼저 놓고 긴 쪽 원단을 올려준다. 시접은 오버로크하고
    뒤집는다.

3   모양을 잡아 다려주고 사방 3cm 간격으로 상침해준다.

1 2 3

타이포그래피 지퍼
쿠션

사실 지퍼만큼 튼튼한 여밈 방법은 없다. 특히나 쿠션처럼 자주 손이 가는
아이템에는 지퍼를 달아주어 튼튼하게 만들어보자.

앞면: 45×45cm 1장 / 뒷면: 43×45cm 1장 / 지퍼(약 33cm) 1개 / 지퍼 고리 1개

1   앞면의 원단이 뒷면보다 2cm 나오게 배치한 후 원단의 겉끼리 마주대고
    지퍼가 들어갈 부분의 양쪽 끝을 5cm 길이로 박아준다.

2   뒷면의 시접을 1cm 접어 넣어 지퍼 한쪽 위에 놓고 상침하여 박아준 후
    지퍼 고리를 끼운다.

3   앞면의 시접을 3cm 접어 넣고 지퍼 위로 '[' 모양으로 상침하여
    박아준다.

4   겉끼리 마주보게 접어 지퍼 부분을 제외한 3면을 박아주고 시접은
    오버로크한다. 지퍼로 뒤집어 겉을 정리해준다.

1	2
3	4

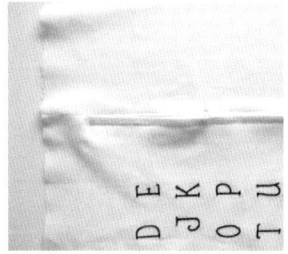
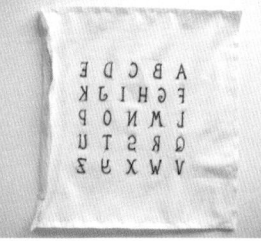

셀프

o
인테리어
놀이

내가 하는 인테리어 놀이는
셀프다.

누구한테 정식으로 배우지도 않았고, 재료를 제대로
활용하는 법도 모르고 무작정 덤벼서 알아낸 방법들이
대부분이다. 우리 모두에겐 검색 기능이 있으니 얼마나
좋은가! 그렇게 혼자서 집안 곳곳을 꾸미고 있다.
칠하고 박고 옮기고 걸면 나만의 인테리어 스타일이

완성된다. 그래봐야 전문가가 비웃고 갈 실력이지만 살면서 불편한 곳, 좀 더 다듬어야 할 부분은 살림하는 주부 눈에만 보이는 곳들이 대부분이라, 나와 가족들의 만족도는 늘 최고이다. 해가 들지 않아 어두컴컴한 아이 방이 페인팅과 패브릭 등으로 훨씬 밝은 분위기의 방이 되었고 애매한 베란다가 홈 카페가 된 것처럼 말이다.

○ 페인팅하기

오래되어 바랜 벽면이나 문, 지저분한 벽지는 걱정할 필요 없다. 벽지는
벗겨낼 수고로움도 필요 없이 '벽지 벽면용 페인트'를 바르면 된다.
요즘은 환경에 관한 관심이 높아지면서 인체에 무해한 친환경 제품이
많으니 더 안심이다. 오래된 방문은 화사하거나 깔끔한 컬러를 정해
페인팅해주고 손잡이만 바꿔주면 금세 새 것이 된다. 착한 가격으로
그리고 비교적 짧은 시간 안에 집안 분위기를 바꿀 수 있다.

페인팅하는 법

1   페인팅할 벽면의 가구나 소품을 옮겨놓고, 가장자리에 마스킹테이프를
    미리 붙여서 페인트가 묻지 않게 준비한다.
2   넓은 면을 바를 때는 미니 롤러, 가장자리 주변에는 붓을 사용한다.
3   전체를 골고루 바르고 원래 벽지의 무늬가 강할 때는 2~3번 정도
    칠해준다(롤러나 붓을 잠깐 사용하지 않을 때 비닐에 싸두면 매번 씻지
    않아도 된다). 페인트가 완전 건조되면 마스킹테이프를 제거한다.

1 2 3

겨지씨의 페인트 관련 구매 사이트
1. 벤자민무어: www.benjaminmoore.co.kr
2. 던에드워드: www.jeswood.com

○ 소가구 활용하기

올 한해 내가 한 일 중에 제일 뿌듯하고 잘했다 싶은 일은 거실 한켠에
작은 쏘잉 작업 공간을 만든 것이다. 반제품으로 마련한 쏘잉 테이블 위에
재봉틀을 올려두고 이것저것 장식하고 정리해두니 그야말로 '나만의
작업실'이다. 목공 DIY 사이트에 가면 내가 원하는 크기와 디자인의
다양한 가구 DIY 세트를 구매할 수 있다. 소품부터 스케일이 큰 가구까지,
대부분 재단되어 피스를 박기만 하면 되고, 나무결의 가공이 잘 되어있기
때문에 원목 그대로를 살릴 경우 바니쉬(코팅 처리)만 잘 칠해주면 된다.
컬러를 입힐 경우 가구용 페인트나 스테인으로 원하는 부분에 칠해준다.

겨자씨의 목공 관련 DIY 사이트
1. 바이올: www.buyall.co/
2. 더다이: www.thediy.co.kr
3. 손잡이닷컴: www.sonjabee.com
4. 문고리닷컴: www.moongori.com

○ 계절과 자연소재 활용하기

일 년에 네 번 바뀌는 계절이야말로 축복이다. 봄에는 언 땅을 뚫고
올라온 작고 예쁜 꽃들의 사진을 찍어 책상 앞에 걸어둔다. 여름에는
우연히 들른 바닷가에서 조개나 작은 돌을 주워와 선반 위에 올려둔다.
가을에는 발에 채이는 흔한 낙엽들로 트와인끈 꼬임 사이에 끼워서
감성적인 가렌더를 만든다. 잘 말린 꽃은 활용하기 좋은 소품이다. 꽃은
계절에 따라 수시로 말려두면 자연스럽게 분위기를 바꿀 수 있다. 말린
꽃들은 선물 포장할 때 살짝 끼우면 감성 있는 포장이 될 것이고, 집의
어느 한켠에 말린 꽃을 무심히 두는 것도 좋다. 생화가 좋은 건 두말하면
잔소리. 겨울에는 창틀에 꼬마 눈사람을 만들어 세워둔다. 춥기만 하고
삭막한 재미없는 겨울에 좋은 대화 상대이자 정겨운 소품이 된다. 유난히
바빴던 올해 크리스마스에는 큼지막한 트리 장식은 세우지 못하고 작은
리스 하나 만들어 감성을 더해본다.

잣방울로 리스

만들기

흰색페인트(수성), 잣방울 12개 정도(잣방울은 길쭉해서 모양을 잡아주기 좋다),

나뭇가지(약 20cm), 글루건

만드는 방법

1 페인트 통에 잣방울이 2/3 정도가 잠길 정도로 넣었다가 꺼낸다. 줄에
   걸어 페인트가 떨어지고 잘 건조될 때까지 기다린다.

2 나뭇가지의 중앙에 실로 고리를 만들어 고정시키고 잣방울로 중앙과
   양끝에 틀을 잡아 붙인다. 가운데를 기준으로 하나씩 붙여준다.

3 말려둔 낙엽과 자연소재들로 군데군데 채워준다.

○ 소품 활용하기

\# 미술관에서나 볼 법한 명화들이 있다. 요즘은 비교적 착한 가격으로 이런 명화들을 구입할 수 있다. 허전한 벽면에 걸어둔 명화는 오래 걸어두어도 질리지 않는다. 특히 액자틀은 명화의 분위기와 맞아야겠지만 너무 화려한 것은 질리거나 트렌드에 맞지 않을 경우가 있으므로 비교적 심플한 디자인과 컬러를 선택하거나 캔버스 액자 그대로도 좋다.

\# 러그나 매트는 집안 분위기를 바꾸는 좋은 방법 중의 하나이다. 추운 겨울에는 말할 것도 없고 간절기에는 바닥의 온도를 유지시켜주는 착한 아이템이다. 그림의 배경이 그렇듯 방의 배경이 되어 전체적인 분위기를 좌우한다.

○ 베란다 활용하기

베란다는 언제나 우리들을 울고 웃게 만드는 장소이다. 신경을 쓰지
않으면 으레 창고가 되기 일쑤이고, 계절에 따라서 가장 덥거나 가장
추운 장소이고, 이마저도 없으면 도대체 빨래는 어디다 널어두어야
하는지…. 참으로 활용하기 애매한 널찍하고도 아까운 장소이다. 우선
화사한 분위기를 위해 흰색으로 페인팅해본다. 햇살이 좋을 때는 화초를
키우기 좋으므로 선반을 만들어 화분들을 줄지어 올려놓기도 하고
카페로 꾸며보기도 한다. 동네 목공소에서 베란다 길이에 맞춰 재단해온
나무판을 올려 폭이 좁은 테이블을 만들고, 착한 가격의 의자도 두어

개 놓고, 벽에는 분위기 있는 캔버스 액자도 걸어두었다. 테이블 위에 요즘 읽고 있는 책 한 권, 차 한 잔 올려두니 이곳이 우리 가족만의 멋진 카페가 되었다. 비가 내리면 빗소리가 들리고 눈이 내리는 날엔 세상이 온통 하얗게 덮인 풍경을 볼 수 있는 멋진 곳. 계절에 따라 날씨에 따라 시시각각 변하는 '베란다 액자'다.

꼼지락

○
리폼

\# 미안하지만 훌륭하게도 환경을 생각한
리폼이기보다는 순전히 손으로 꼼지락거리는 시간을
사랑하기 때문에 하게 되는 무심한 리폼이다. 남들이
쉽게 생각하고 버리는 재료들을 리폼해서는 '나는
이렇게 알뜰하게 살뜰하게 챙긴다'고 뽐을 내려고, 보란
듯이 잘 보이는 곳에 자리를 잡아둔다. "엄마, 이거 진짜
휴지심으로 만들었어?", "엄마, 이거 아침에 먹었던
그 우유야?" 아이들이 무엇으로 만들었는지 맞추는
것에 재미를 붙여보기도 한다. 냉장고에 없으면 왠지

불안한 계란과 두부를 마트에 가면 장바구니에 담는다. 어느 날 계란판을
차곡차곡 쌓아놓다가 제일 깨끗한 것으로 골라 리폼을 한다. 선반 위에
올려둘 아주 작은 장식용 소품을 만들어본다던가 시침편을 마음껏 꽂아둘
수 있는 쏘잉 박스로 만들어본다. 기꺼이 '살림'이 되어주는 리폼이다.

박스

계란판, 패브릭, 솜, 단추, 고무줄, 글루건

1   원단을 동그랗게 잘라 둘레를 홈질하고 솜을 채워서 실을 잡아당겨
    마무리한다.

2   글루건을 아랫부분에 쏘고 계란판 안에 붙여준다. 계란판 아랫부분
    중앙에는 고무줄을 구멍으로 통과시켜 묶어준다.

3   뚜껑 부분을 패브릭 등으로 꾸미고 단추를 달아준다.

1 2 3

마시고 나면 어김없이 배가 사르르 아픈 우유. 나에게 우유는 그렇다.
그 우유를 아이들은 너무나 좋아한다. 그래서 참 고맙다. 빈 우유갑이
쌓인다. 종이팩은 휴지로 재활용되긴 하지만 잘 씻어 말리기만 하면
비교적 튼튼하고 깨끗한 네모 모양의 박스들이 한꺼번에 생긴다. 으레
종이 쓰레기로 분류하지만 어느 날에는 괜히 아깝다는 생각이 들어
싱크대 문짝을 열면 우르르 쏟아질 정도로 모은다. 별다른 리폼 방법
없이도 냉장고 수납으로 혹은 싱크대 서랍의 칸칸 수납통으로 쓸 수 있는
착한 아이템. 오늘은 특별하게 지천에 널린 패브릭으로 감싸 그럴듯한
수납 박스를 만들었다. 착하고 하얀 우유는 가고 없고 나의 살림살이들과
감성이 가득 들어간다.

우유갑 수납
박스

<u>재료</u>

우유갑 4개, 패브릭, 딱풀, 글루건

<u>만드는 방법</u>

1 우유갑을 깨끗이 씻어 말려 원하는 크기로 자른다.

2 우유갑 겉면에 딱풀을 빈틈없이 바르고 패브릭을 잘라 한 면씩
  붙여나간다.

3 원하는 형태를 정해서 글루건으로 우유갑을 붙인다. 종이를 잘라 원하는
  글자를 펜으로 적어 앞면에 각각 붙인다.

가끔은

o

이불 속에서
늘어지고 싶다

마흔 살이 넘었다.

'마흔'이라는 것은 나하고는 거리가 먼 '엄마의
나이'이거나, 20여 년 전 사회에 첫 발을 내디딘
직장에서 만난 '과장님의 나이'였는데 말이다. 시간이란
절대 주관적이지 않다. 나이를 한 살씩 먹는 것은
두렵지 않다. 아니, 오히려 점점 더 재미있고 스릴
넘친다. 그만큼의 여유와 이해가 늘어나기 때문이리라.

그러나 나이를 먹을수록 체력은 저하됨을 느낀다.

잘 아프지 않는 편이었다. 남들 다 앓는 감기도 1년 내도록 걸리지
않았고 흔한 비염도 없으며 시력도 2.0 이상이었다. 밤을 새운 다음 날도
거뜬했고 정말 피곤하면 두어 시간 자고 나면 풀렸다. 보통의 여자들보다
무거운 것도 거뜬히 잘 들었고 어릴 적부터 아빠와 동네 뒷산에 자주
다녀서인지 오래 걷는 것도 두려워하지 않았다. 의학적으로 '노산'에
속한다는 서른 후반에 둘째를 출산했다. 꽤 긴 시간의 진통에도 진척이
없자 의사가 수술해야겠다고 하는데도 자연분만의 의지를 불태웠다. 아이
둘 다 그렇게 흔히들 얘기하는 '깡'으로 출산했다. 체구에 비해 비교적
건강한 삶을 살아왔다.

ㅣ보다 다섯 살이 많은 남편에게서 혹은 ㅣ보다 나이가 많은
주변인들에게서 가끔 '너도 나이 들어보라', '나이가 드니 하루하루가
다르다'라는 푸념을 들을 때마다 나는 속으로 그럴 일은 없을 거라고
생각했다. 그런데 그런 내가 이제 밤을 새운다는 것은 아예 꿈도 못 꾼다.
어쩌다 힘든 일정이 있을 때면, 전이든 후든 며칠의 '쉼'이 반드시 있어야
한다. 누가 산에 가자고 하면 산은 오르는 것이 아니고 그냥 바라보는
것이라고 말해주고 위기를 모면한다. 딱 '마흔 살'이 되었던 첫날. 자고
일어나 아침에 눈을 뜬 그 순간부터 순전히 나이 때문에 급격히 저하되는
체력이 느껴졌다. 이유도 없이 몸 여기저기 쑤시고 괜히 마음도 그랬다.
"이이고~", "끄응~", "으샤~" 중년 아줌마들만의 고유 추임새가 내

입에서 나온다. 몸에 좋은 건강식품에도 관심이 가기 시작했다. 가끔은 이런 내가 믿을 수가 없다. 그러거나 말거나 나는 이제 마흔하고도 두 살이 되었다.

매일 아침 이불 속에서 좀체 나오지 않는 아이들을 깨워 학교와 유치원으로 보낸다. 이른 아침부터 바쁘게 움직였던 시간이 지나고 나면 맥이 풀리고 힘이 빠진다. 안방의 침대가…포근한 이불이 나를 부른다. 좀 쉬라고. 잠깐만 누웠다가 일어나면 괜찮아질 거라고. 어떤 날은 유혹에 넘어가지 않고 요란하게 청소기를 돌리며 꿋꿋이 하루를 시작할 때도 있고 어떤 날은 언제 그랬냐는 듯 부르기도 전에 이불 속으로 몸을 던지기도 한다. 그렇게 좋을 수가 없다. 종일 약속도 없고 집안일도 딱히 없는 평일 오전. 누가 뭐라는 사람도 없으니 그냥 늘어지면 그만이다. 마흔도 넘었는데…하면서 한껏 게으름을 부려본다.

다만 '마음은 아직 청춘이다'라는 말은 아직 좀 더 있다가 써볼 예정이다.

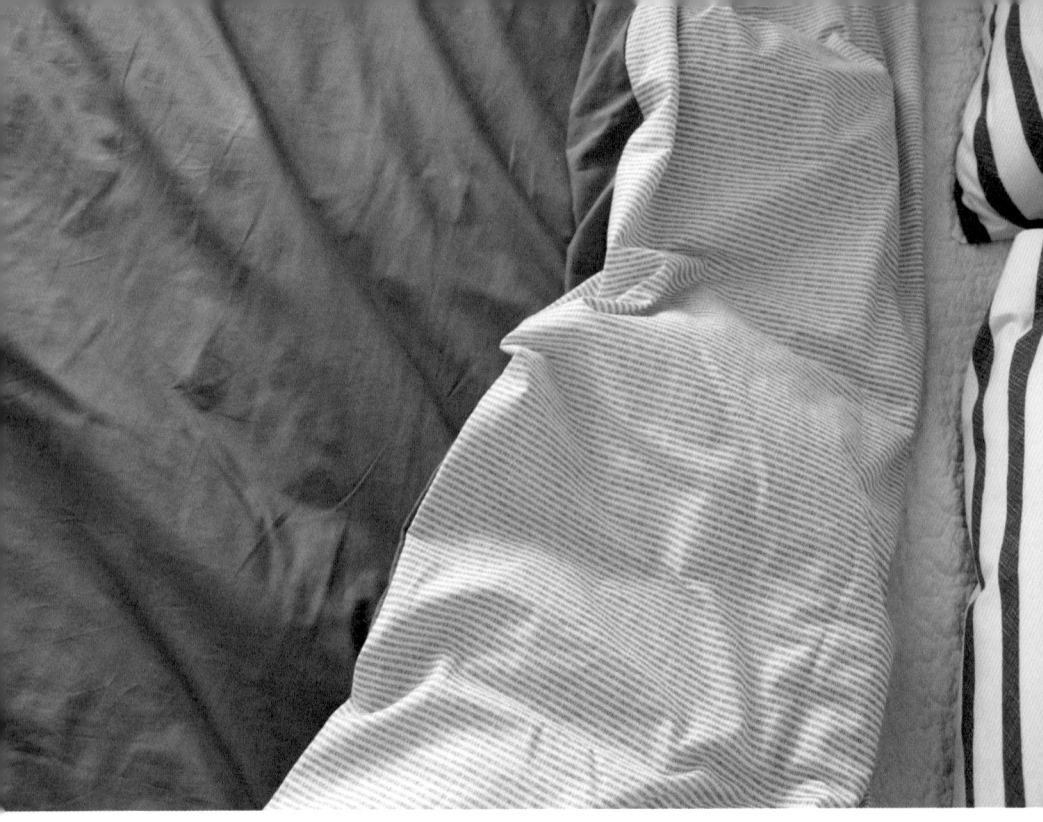

(이불 1) ──────────────── 무지 스타일
이불

계절에 따라 이불을 바꿔줄 때 커버로 변화를 준다. 잔잔한 스트라이프 패턴의 이불 커버로 깔끔함을 살려보자. 이불솜을 넣고 빼는데 필수인 지퍼를 앞쪽에 넣어주고 살짝 덮이는 디자인으로 만들어준다.

앞면 1: 80×152cm 1장 / 앞면 2: 176×152cm 1장 / 뒷면: 152×210cm 1장 /

지퍼(115cm) 1개 / 지퍼 고리 1개 / 면테이프(길이 7cm) 8개 / 접착테이프(다대심지)

만드는 방법

1   앞면 1 원단의 한쪽에 시접을 1cm 접어 넣고 접착테이프를 다리미로
    눌러 붙여준다.

2   앞면 2 원단 위쪽을 1cm 접어 접착테이프를 아래쪽에 붙여주고
    양끝으로 17cm를 남겨 대각선으로 가위집을 내준다.

3   시접을 안쪽으로 접어준다.

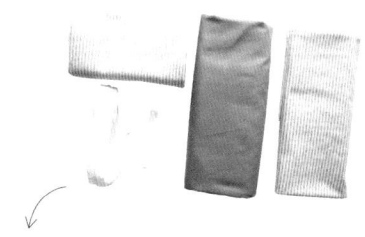

1 2 3

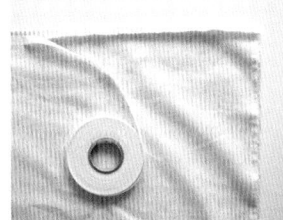

4 원단이 겉으로 보이게 뒤집어주고 지퍼 한쪽과 박아준다.

5 지퍼 고리를 끼우고 앞면 1을 지퍼 위에 올린 뒤 상침하듯 박아준다.

6 앞면 1을 두 번 접어 전체 길이를 176cm로 맞춰준 후 접은 부분을
   위에서 박아 고정시킨다.

7 완성된 앞면과 뒷면의 겉을 마주대고 사방을 박아주고 시접은 오버로크
   해준다. 이때 정해진 위치에 면테이프를 놓고 박아준다. 지퍼 부분으로
   뒤집어 완성한다.

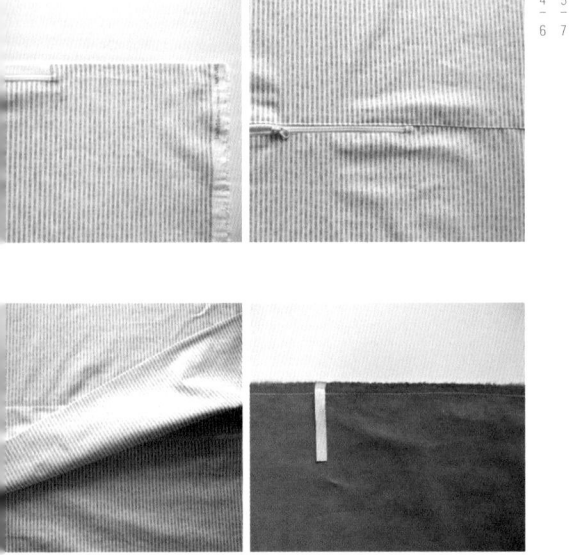

4	5
6	7

이불 2

호텔친구 같은
화이트 이불

하얀 이불을 보고 있노라면 여느 호텔의 뽀송뽀송한 침실이 떠오른다. 흰색 패브릭은 관리하는 것이 힘들긴 하지만 쓰는 내내 기분이 좋아진다. 햇볕 좋은 날 빨랫줄에 널어 말린 하얀 이불. 그런 이불이 있는 침실은 휴양지의 리조트 부럽지 않다.

재료

앞면: 155×238cm 1장, 55×238cm 1장 / 뒷면: 155×238cm 1장, 60×238cm 1장 /

지퍼(180cm) 1개 / 면테이프(10cm) 14개

만드는 방법

1 155cm 길이 원단과 55cm 원단을 시접 1cm로 박아 폭을 이어주고
   시접은 가름솔하여 앞면을 완성한다.

2 뒷면은 마찬가지로 시접 1cm로 박아 폭을 이어주되 지퍼가 달릴 부분을
   제외하고 위아래 20cm 정도 박아준다.

3 뒷면의 한쪽 시접을 1cm 접어서 지퍼 한쪽 위에 올려 상침하여
   박아준다.

4 반대쪽(60cm 폭 원단)의 시접을 3cm 정도 접어서 지퍼 위로 덮어준다.

5 뚜껑 모양으로 지퍼의 다른 한쪽을 박아준다.

6 완성된 앞면과 뒷면의 겉과 겉을 마주대고 사방을 박아준 후 모서리
   부분의 시접은 대각선으로 잘라준다.

7 지퍼 부분으로 뒤집어 안쪽 테두리에 면테이프의 위치를 정한다(가로
   200cm 부분에 66cm 간격으로 위아래 각 4개씩/ 세로 230cm 부분에
   60cm 간격으로 양옆 각 3개씩).

8 이불을 완전히 뒤집어 면테이프를 시침핀으로 임시 고정해둔 뒤, 전체
   둘레를 3cm 간격으로 상침하여 마무리한다.

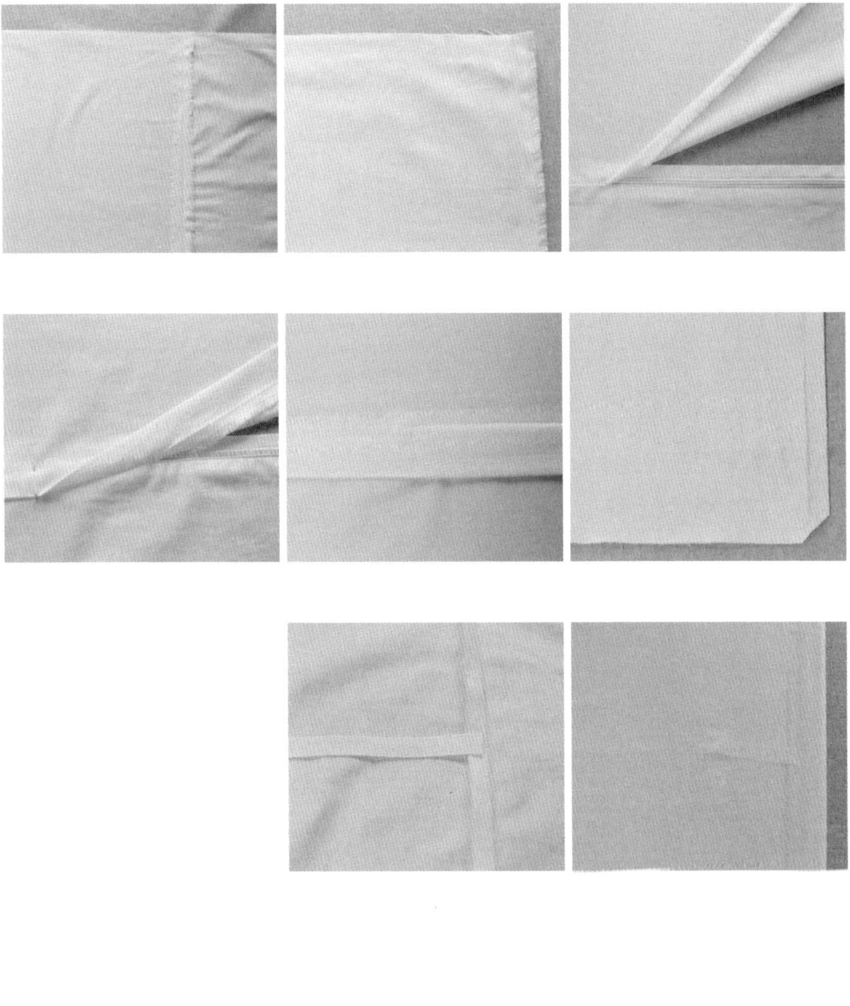

눈물이

○
흐르는
날

눈물이 많다.

어찌나 눈물이 많은지 스스로가 싫어질 때도 있다.
나이가 들어서 의연해지는 것도 없이 눈물이
줄어들기는커녕 오히려 더 늘어난 것 같다. 그렇지만
눈물이라는 것이 마음대로 조절할 수 있는 것도 아니고,
억지로 참는 것도 여간 어려운 것이 아니다. 사실 별로
참아본 적도 없긴 하다.

눈물 수도꼭지는 한 번 터지기 시작하면 멈추기가 힘들다. 몸속의
수분이 모두 눈물이 되기로 작정한 것처럼 흐른다. 슬픈 영화를 볼 때나
드라마에서 엄마 이야기가 나온다거나 속이 상하는 일이 있을 때에는
어김없이 눈물이 난다. 때로는 별 일 없이 괜히 울고 싶어질 때도 있다.
몇 주 전에 보았던 슬픈 영화가 갑자기 생각나 그야말로 뒷북을 치며
감정에 젖는다. 그럴 땐 일찍 눕는다. 내내 참았던 눈물은 머리가 베개에
닿자마자 흐른다. 잠이 오지 않는 밤에는 스스로를 슬픈 이야기의
주인공으로 만들어놓고 아주 대놓고 운다. 참으로 궁상맞지 않을 수 없다.
앤드류 존스톤(Andrew Johnston)이 '피에 예수(Pie Jesu)'를 부르는
장면은 백만 번을 봐도 매번 눈물이 난다. 건강할 때보다 아플 때가 더
많았던 엄마를 생각하며 흘린 눈물은 내 삶에 흘린 눈물 중 언제나 랭킹
1위다.

살아오면서 사람에게 받은 상처 때문에 많이 울기도 했다. 서툴렀기
때문이다. 첫사랑과 헤어지고 대학교를 휴학까지 했던 그때도. 아끼던
누군가에게 모진 말을 들었을 때도. 믿었던 사람에게 뒤통수를 맞았던
그때도. 그가 내 남편이 될 줄도 모르고 예쁜 선배 언니를 소개시켜주었던
그때도 뒤늦게 마음앓이를 하며 혼자 울었다. 누군가와 말이 아주 잘
통한다고 생각했는데 며칠 지나지 않아 그렇게 생각했던 것이 참 섣부른
것이었구나 하고 깨닫게 되기도 한다. 반대로 생각지도 않게 '냉기가

서리던 그 사람'에게서 위로를 받고서는 참아왔던 설움과 고마움에 눈물을 흘린다. 그래도 서툴러서 다행이다. 처음부터 다 알고 대처할 수 있다면 사랑과 사람에 대해 생각해볼 수 있는 시간조차 없었을 테니.

누군가가 했던 모진 말을 되새김질 하며 나의 모자람을 꺼내어본다. 사람을 믿되 내 기준으로만 가둬두지 말 것은 '실망'이라는 여지가 있기 때문이다. 나조차도 몰랐던 내 마음을 누군가의 눈빛으로 깨달을 수 있어야 한다. 내가 아프다는 것을 상대에게 상처주는 말로 표현하지 않아야 하고 침묵이 때로는 가장 좋은 언어라는 것도 잊지 않아야 한다. 눈물을 통해서 배운 것들이다.

속상해서 흘리는 눈물도 있지만 그런 눈물일지라도 그치고 나면 이상하게 힘이 생긴다. 기적처럼 상황이 바뀌지도 않았는데 내 마음은 벌써 말랑말랑해진다. 누가 억지로 시킨 것도 아닌데 이미 용서를 하게 되고 왠지 해결책도 생기는 것 같다. 그리고 마음속에는 벌써 긍정적인 에너지가 꿈틀거린다. 눈물의 힘이다. 우는 것에도 에너지가 필요하니 내 몸은 마치 눈물을 만들어내기 위해 움직이는 듯하다.

그래서 나는 눈물이 있는 사람이 좋다. 울고 있을 때 그만 울라고
다그치지 않고 어깨를 빌려주거나 가만히 등을 토닥여주는 사람이
고맙다. 더 친절하고 더 따뜻하고 더 사려 깊어서 고맙다. 눈물이 많다고
감정을 낭비하는 것이 아니듯. 눈물은 슬픔이라는 감정의 탈출구라는
말도 있듯. 많이 울자. 울다가 지쳐 잠이 들지라도, 울어서 눈이 퉁퉁
붓더라도 울자. 베갯잇이 젖어서 눈물 자욱이 깊이 새겨질 정도로 울자.

베개1 ──────────── 무지 스타일

베 개 커 버

스트라이프 무늬의 원단은 심플하면서도 청량감을 준다. 무늬를 살려 비교
적 간단하게 여미는 방법으로 만들어보자. 우드 단추가 스트라이프와 잘 어
울려 멋스런 베개 커버가 된다.

재료

47×146cm 1장, 실크심지 8×45cm 2장, 우드 단추 3개

만드는 방법

1   원단의 47cm 부분에 실크심지를 가로로 붙인 다음, 시접을 1cm 접고
    8cm 접어 상침한다. 반대쪽에도 실크심지를 가로로 붙이고 시접을
    1cm씩 두 번 접어 상침한다.

2   겉끼리 마주 닿게 접어 놓되 단추 구멍이 위치할 면을 8cm 아래로
    놓는다.

3   단추가 달릴 부분을 접어내리고 양쪽을 박은 다음 시접은 오버로크
    한다. 여밈 부분으로 겉이 보이게 뒤집어주고 단추의 위치를 정해 단추
    구멍과 단추를 달아준다.

1   2   3

211

베개2 ──────── 화이트

베개 커버

하얀 이불과 함께 하얀 베개 커버가 좋다. 청결하고 화사한 느낌으로 즐기
는 베딩. 베개 솜의 크기보다 여유 있게 만들어주면 커버를 교체할 때도 편
리하고 포근한 쿠션감을 느낄 수 있어 좋다.

재료

55×102cm 1장

만드는 방법

1 원단의 양 끝부분의 시접을 1cm 접고 2cm 접어 다린다. 끝 선에 맞추어
   상침해준다.

2 겉이 마주 닿게 접되 속으로 들어갈 분량 20cm 정도 남겨 끝을
   맞춰준다.

3 남은 부분을 다시 접어 맞춘다.

4 양쪽 옆선을 박아주고 시접은 오버로크 한다.

5 여밈 부분으로 뒤집어준다.

6 양 옆선을 1cm 간격으로 한 번 더 상침하듯 박아준다.

1 2 3
4 5 6

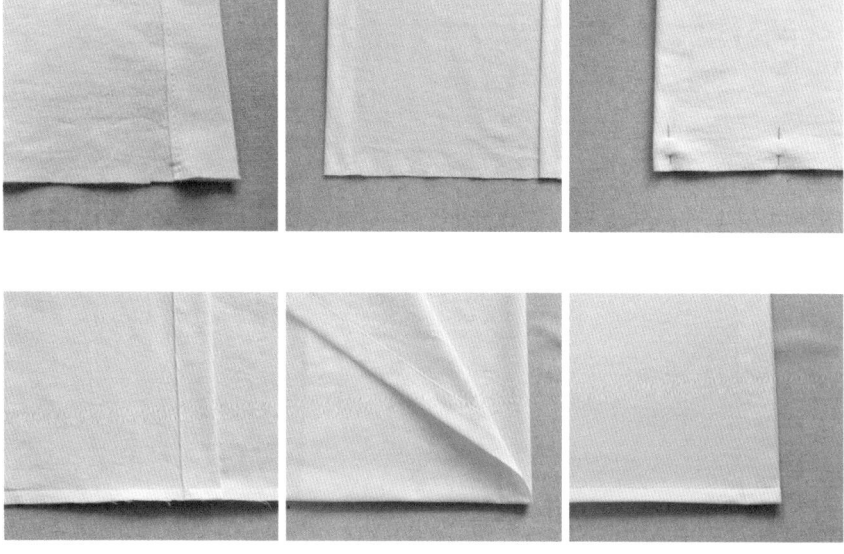

린넨
베개 커버

린넨은 세탁하면 할수록 튼튼해지고 촉감은 부드러워져서 멋스러운 베개 커버로 만들기에 적당하다. 끈으로 묶는 스타일이라 비교적 관리하기도 쉽다.

겉감: 67×47cm 2장 / 안단: 10×47cm 1장, 20×47cm 1장 / 끈: 4×25cm 4장

만드는 방법

1 양쪽 시접을 접어서 반으로 접은 후 끈을 박아서 4개를 완성한다.

2 커버의 아랫면이 될 안단의 한쪽을 1cm접고 2cm 접어 끝선을 따라
   박아준다.

3 안단의 겉과 커버의 겉을 마주대고 시접 1cm로 박아주되, 완성된 끈
   2개의 사이 간격이 24cm 되게 끼워서 박는다.

4 커버의 윗면이 될 안단의 시접을 1cm 접어놓고 커버의 겉을 마주대고
   시접 1cm로 박아주되, 완성된 끈 2개의 사이 간격이 24cm 되게
   끼워서 박는다. 박아준 선대로 안쪽으로 넘겨 접어 넣은 시접선을 따라
   박아준다.

5 완성된 3과 4의 겉끼리 맞추어준다. 시접 1cm 간격으로 입구를 제외한
   3면을 박아주고 시접은 오버로크하여 뒤집어 완성한다.

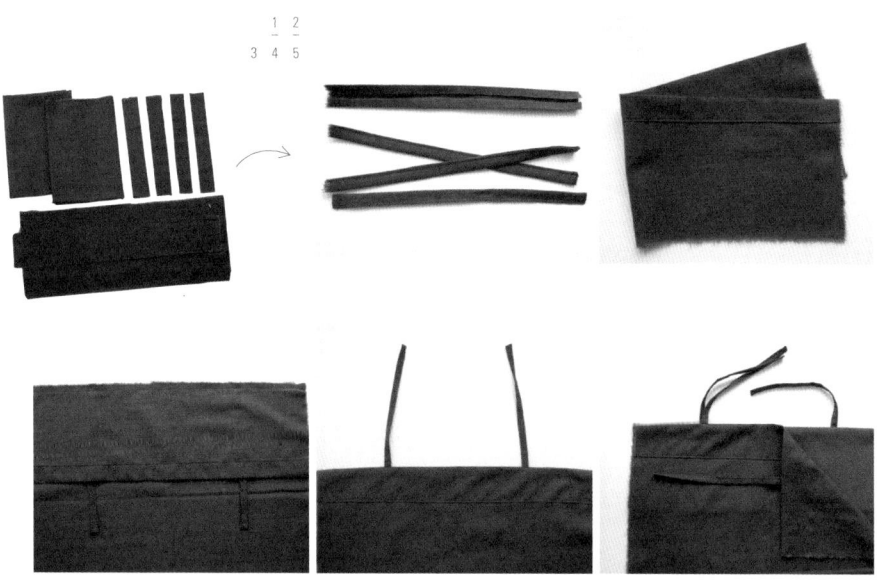

나만의

작은 사치

PART 4

손
끝에서의

ㅇ

행복

'여자가 손재주가 많으면 고생한다.'

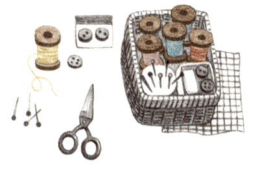

엄마에게 종종 듣곤 했던 말이다. 항상 무언가에
열중하거나 내가 좋아하는 취미에 심취해 있을 때 하신
말씀이었기 때문에 그 말이 참 싫었다. 그러나 살면서
엄마가 왜 그렇게 말씀하셨는지를 점점 알게 되었다.
무언가를 만들어내는 것은 참 고달프고 힘든 일이다.

때로는 밤을 새우기도 하고 고심하느라 머리가 아프기도 하고 한마디로
손이 고생한다. 사실은 엄마의 삶이 항상 그랬다. 빨래, 청소, 요리 등
해도 해도 표가 나지 않는 집안일 외에도 늘 엄마의 손은 쉴 틈이 없었다.
생계를 유지하는 일 외에도 항상 당신의 손에는 바느질감이며 자수며
소소한 취미 거리들이 들려있었다. 하다못해 아버지가 피시던 담배
포장지도 버리지 않고 하나하나 접어서 엮어 근사한 방석을 만들어낼
정도다. 우리네 어머니들이 그렇게 사셨다. 그런 엄마의 모습을 보며
성장한 나는 말할 것도 없었다.

순수미술을 하고 싶었다.

하지만 꿈을 이루지 못해 슬픈 적은 없다. 비록 넉넉하지 못한 형편
덕분에 직장생활을 하다가 뒤늦게 대학에 가고, 기본기가 없던 탓에
순수미술은 전공하지 못했지만, 창작하며 만들어내는 기쁨을 마음껏
누렸다. 전공을 바탕으로 디스플레이 일을 하며 쇼윈도를 캔버스 삼아
그림을 그려냈다. 원하는 꿈을 이루는 것에는 한 가지 방법만 있는 것도
아니었고 한 가지 길만 있는 것도 아니었다. 손재주가 많으셨던 엄마가
삶 속에서 보여주셨던 아름다움과 부지런함. 비록 손은 고달팠을지라도
삶 속에서 펼쳐지던 마술 같은 생활 작품들은 어린 나에게 좋은 공부가
되었던 것이다. 손재주 있는 딸이 당신처럼 고생할까봐 늘 당부를
하시면서도 그런 나의 성향을 사실은 가장 많이 이해해주셨기 때문에
나는 늘 즐겁게 소위 '내가 좋아하는 것'을 하며 살았던 것 같다.

하얀 캔버스를 이젤 위에 세워놓고 4B 연필을 잡고 크기와 비율을
가늠해 구도를 잡고 형태를 그려나간다. 명암도 넣고 흐릿하게 원근감도
표현해본다. 그렇게 화가처럼 멋진 그림을 그려내고 싶었다. 좁아도
근사한 작업실도 갖고 싶었다. 그런 대단한 꿈을 가진 나는 지금 평범한
주부로 살고 있다. 그림을 그리고 싶을 때면 화방에서 사다놓은 종이를
잘라다가 책갈피를 만들거나, 크리스마스가 되기 전에 미리 카드를

만들어놓기도 한다. 색을 쓰고 싶을 때는 지겨워진 벽지 위에 좋아하는
컬러로 아이들과 함께 페인팅을 하기도 한다. 손으로 뭔가를 만들고 싶을
때면 재활용 재료를 이용해서 소소한 리폼을 하기도 한다. 생활 속에서
예술을 하고 있다.

필요한 것이 있으면 돈 주고 사면 그만이고, 내가 원하는 스타일은
아니어도 잘 만들어진 기성품을 사서 쓰면 참 편할 텐데 '손으로 만드는
일'은 늘상 놓지 못하게 되는 소일거리다. 작은 것 하나라도 손으로
만들어내고 싶은 것은 '욕심'이 아니다. 부러 일을 만들고야 마는
'극성스러움'도 아니다. 재료비가 더 든다고 내려놓을 '가벼움'도 아니다.
그저 내가 가진 재주로 할 수 있는 일을 하는 것. 그것이 내 일상의
즐거움이지 활력소이다. 멋진 작업실에 앉아 폼 나게 작품을 그리는
화가는 아니어도 내 집 부엌 식탁에서 별 것 아닌 요리도 예쁘게 담아내고
때로는 밤을 새워 바느질도 하고 그렇게 그림을 그리듯 생활 속에서
예술을 만들어내는 일들을 계속 할 것이다.

손끝에서의 행복이 마음으로도 전해지는 것을 느낀다. 참으로 행복한
고생이다.

나의
취향은

○

에코백

가 방 을   좋 아 한 다.

가방이라고 하면 흔히들 몇 달 동안 모은 돈으로 겨우
살 수 있는 명품백을 상상하지만, 사실은 그보다 몇
십 배, 아니 몇 백 배는 저렴한 에코백을 좋아한다.
사시사철 혹은 디자인에 따라 구비해놓고 싶은
청바지만큼이나 에코백 욕심을 낸다. 쇼핑하러 간

매장에 '에코백 증정 이벤트'라도 있으면 과감히 과소비를 할 정도다.

언젠가 격식을 차려야 할 모임이 있었을 때 나의 가방들을 보곤 한숨이
나왔다. 품위 있는 핸드백을 하나 사야 하나를 고민한 것이 아니라
정장 차림에 어울릴 만한 에코백을 하나 만들어야겠다는 다짐을 했던
까닭이다. 신발도 마찬가지다. 또각또각 소리 나는 구두는 신발장에서
찾아보기 힘들다. 낡은 캔버스화를 너무 좋아한다. 언젠가 만 원을 주고
산 신발은 몇 년 동안 너무 오래 신어서 어느 날 길을 가다가 신발 바닥이
두 조각이 나기도 했었다.

누구나 취향과 스타일이 있다. '다른 것은 틀린 것이 아니라 아름다운 것'이라는 어느 시인의 말을 나는 늘 잊지 않는다. 트렌드를 따라 패션 스타일은 늘 변화한다. 그 속에서 공장에서 찍어낸 듯 똑같은 스타일을 고집하는 사람들을 보며 평가와 비난의 단어들이 입속에서 맴돌 때가 있다. 이내 꿀꺽 삼킨다. 나와 다르다고 해서 그것이 틀린 것이 아니기 때문이다. 트렌드를 따르지 않는 자신의 스타일이 우월하다고 으스대는 어떤 사람이 안타까워 보일 때도 있었다. 다른 것이 '특별함'이 아닌데 그렇게 착각하는 것이다. 취향이 비슷한 사람마저도 작은 디테일 하나 하나가 확연히 틀린 경우도 많다. 에코백을 좋아하고 낡은 캔버스화를 좋아하는 나도 사실은 알고 보면 그 '트렌드'를 바탕으로 내 스타일을 찾은 것이다. '취향'이란 그런 것이다. 내가 '발명'하는 것이 아니라 '발견'해내는 것이다. 혼자만 즐기기 위해 숨겨둘 수도 없을 뿐 아니라 나 아닌 누군가는 발견해내는 것. 강요하지 않아도 되고 비난하지 않아야 된다.

나는 오늘도 에코백을 만든다. 옷장 가득 네모반듯하게 접어놓은 에코백들 중에서 무엇을 걸쳐볼까 하며 고민하는 순간들을 즐기고 낡거나 더러워진 에코백들을 모아 바람 좋고 햇살 좋은 날에 깨끗하게 세탁해서 옥상 빨랫줄에 탁탁 털어 말린다. 하나도 똑같은 것이 없고 하나도 예쁘지 않은 것이 없다. 그래서 참 정겹고 소소한 나의 취향이다.

낡은 캔버스화에 축 늘어진 에코백 하나. 그것이면 족하다.

에코백이 흔해졌다. 쇼핑을 가도 행사장에 가도 쉽게 손에 넣을 수 있는 아이템이 되었다. 하지만 캔버스 원단이나 린넨으로 튼튼한 나만의 에코백을 만들어보는 건 어떨까. 오래 쓸수록 빨면 빨수록 더 튼튼하고 정감 있는 에코백이다.

재료

겉감 1: 62×30cm 1장 / 겉감 2: 62×18cm 1장 / 안감: 62×46cm 1장 / 포켓: 23×18cm 1장 / 끈: 68×9cm 2장

만드는 방법

1 겉감 1과 2를 겉끼리 시접 1cm로 박아 연결한 다음 반으로 접어준다.
2 시접이 가운데로 오게 모양을 잡아주고 아랫부분을 박아준다.

1 2

3 가방끈은 양쪽 시접 1cm씩 접어 상침하여 완성해준다.

4 겉감의 위쪽에 완성된 끈을 고정시켜준다.

5 포켓은 시접 1cm씩 접어 다려주고 위쪽만 박아준다. 안감 위에 포켓을 올리고 3면을 박아 고정시켜준다.

6 안감을 겉감과 같은 방법으로 완성하되 창구멍을 남긴다.

7 완성된 안감 속에 뒤집은 겉감을 넣어 입구를 박아준다.

8 창구멍으로 뒤집어 박아주고 안감을 겉감 속으로 집어넣고 겉감 상단에 1cm 간격으로 2줄 박아준다.

$$\frac{3 \quad 4 \quad 5}{6 \quad 7 \quad 8}$$

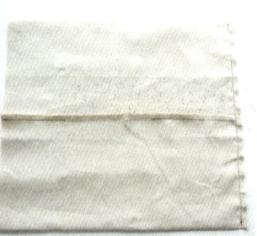  

별을 품은
미니 에코백

가볍게 들고 다닐 수 있는 작은 가방이 필요하다. 가까운 곳에 외출할 때 가
디건을 대충 걸치고 나선다. 짧은 손잡이의 미니 에코백이 딱이다. 자동차
키를 아무렇게나 던져 넣어도 찾기 쉽고 지갑을 꺼내기도 쉬운 작고 칙한
에코백.

재료

겉감: 32×61cm 1장 / 안감: 32×61cm 1장 / 주머니: 16×16cm 1장 / 심지: 32×61cm 1장 / 손잡이: 웨빙끈(31cm) 2개 / 시판 가방 바닥: 16×15cm 1장

만드는 방법

1 안감에 주머니를 박아준 다음, 창구멍을 남기고 양 옆선을 박아준다.

2 안감의 모서리를 삼각형으로 접어 꼭짓점에서 5cm 떨어진 지점을 길게 박아준다.

3 나머지 시접은 잘라낸다. 나머지 한쪽도 같은 방법으로 만든다.

4 겉감에 심지를 붙여준 다음, 반으로 접어 양옆을 박아준다.

5 겉감의 양 모서리를 안감과 같은 방법으로 박아서 바닥을 잡아준다.

6 시판 가방 바닥의 네 귀퉁이에 송곳으로 구멍을 내주어 겉감의 시접에 실로 걸어 고정시킨다.

7 겉감의 겉에 손잡이를 박아 미리 고정시켜둔다.

8 안감을 뒤집어 겉감 속에 넣어준다.

9 입구 부분의 전체 둘레를 박아준 다음, 안감의 창구멍으로 뒤집어주고 창구멍은 박아준다.

10 안감을 겉감 속으로 넣어주고 입구 둘레를 시접 1cm 간격으로 손바느질해준다.

1
2
3 4 5
6 7
8 9 10

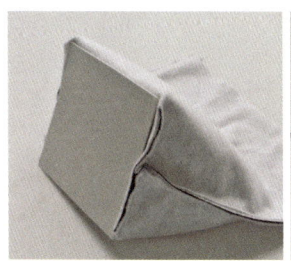

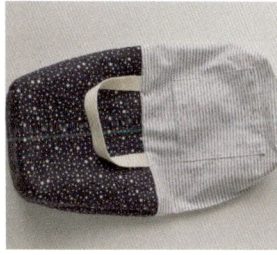

패브릭보다 튼튼하고 두꺼운 소재가 '쥬트'이다. 거친 매력이 있는 쥬트로 만든 에코백. 간단한 단어를 스텐실로 찍어 심플한 매력을 더했다. 때로는 워너비 브랜드의 쇼핑백 같기도 한 튼튼한 에코백에 책도 넣고 노트도 넣어 보자!

재료

겉감: (몸판)30×65cm 1장, (옆판)28×10cm 2장 / 안감: (몸판)30×65cm 1장, (옆판)28×10cm 2장 / 주머니: 19×18cm 1장 / 손잡이: (겉)4.5×37cm 2장, (안)4.5×37cm 2장 / 리벳단추 1세트

만드는 방법

1 안감에 주머니를 박아준다.
2 안감의 몸판과 옆판을 시접 1cm 간격으로 박아준다.

1 2

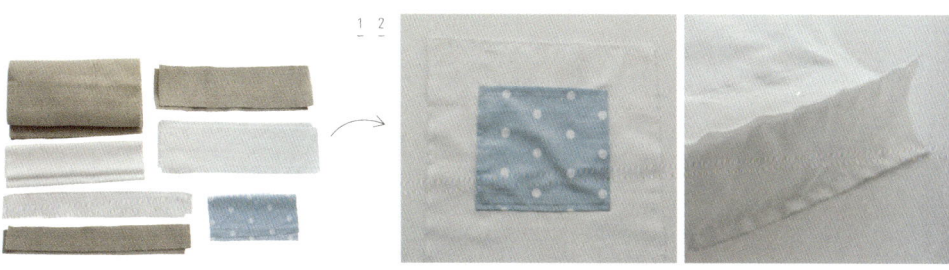

3   겉감도 안감과 같은 방법으로 완성해준다.

4   시접 1cm 접어 넣어 손잡이를 만들어준다. 손잡이는 양옆 시접을 1cm씩
    접고 2장을 겹쳐 박는다.

5   겉감의 겉에 완성된 손잡이를 박아서 고정시켜둔다.

6   안감을 뒤집어 겉감 속에 넣어주고 입구를 박아준다.

7   안감의 창구멍으로 뒤집어주고 창구멍은 박아서 마무리한다.

8   완성된 가방의 겉에 기구로 구멍을 뚫고, 리벳단추와 리벳(수)를 끼운다.

9   기구를 끼우고 고무망치로 두드려 단단히 고정시킨다. 리벳(암)도 같은
    방법으로 고정시킨다.

10   가방의 겉 앞면에 스텐실로 글자를 찍어준다.

3
4 5 6
7 8
9 10 10

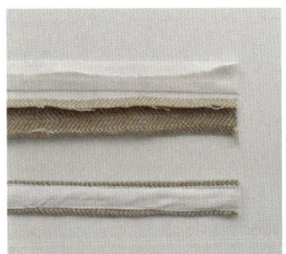

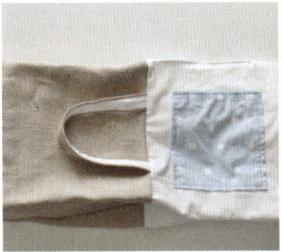

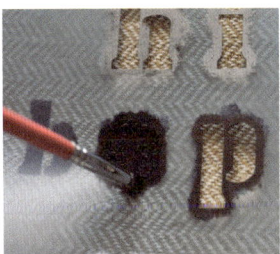

플라워
에코백

봄날에는 아무래도 꽃무늬가 있는 에코백에 눈길이 간다. 끈길이를 넉넉하게 만들어서 어깨에 걸치고 짧은 산책을 떠나보면 어떨까.

재료

겉감: (몸판)33×77cm 1장, (옆판)9×34cm 2장 / 안감: (몸판)33×77cm 1장, (옆판)9×34cm 2장 / 주머니: 18×19cm 1장 / 끈: 8×65cm 2장 / 가시도트 1세트

만드는 방법

1 겉감의 몸판과 옆판을 시접 1cm 간격으로 박아준다.
2 겉삼을 박을 때 살짝 가위집을 준다(반대쪽도 동일한 방법).

1 2

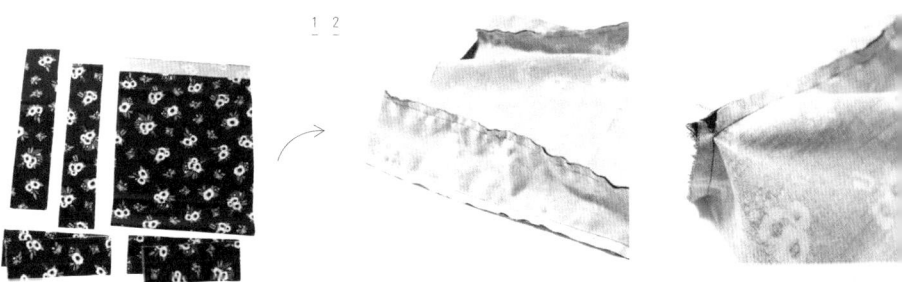

3   가방끈의 시접을 양쪽으로 1cm씩 접어 박아서 완성한다.

4   겉감의 겉에 손잡이를 박아서 고정시킨다.

5   안감도 동일한 방법으로 완성하고 겉감 속으로 안감의 겉이 마주 닿게
    넣어 입구를 박는다.

6   안감의 창구멍으로 뒤집어주고 창구멍은 박아서 마무리한다.

7   안감을 속으로 넣어 다린다.

8   기구를 이용해 가시도트 단추를 달아준다.

3 4 5
6 7 8

보통날
의

o
커피

커 피 이 야 기 다.

사 실 커 피 는 나 에 게 참 어 렵 다.

누구는 신맛도 나고 고소한 맛도 난다는데 나는
'쓴 맛'만 났더랬다. 지인들과 가는 카페에서는
어린아이처럼 카카오라떼가 나의 유일한 메뉴이므로
고민할 것도 물어볼 것도 없었다. 여름에는 '아이스'고
겨울에는 '핫'이다. 옆에 앉은 지인의 머그컵에

들어있는 커피를 입에 대보고는 움찔하기 일쑤. 커피는 맛이 없음이
분명하다며 애써 나를 위로한다. 어쩌다 마셔보는 커피는 마치 설탕물에
커피 몇 방울만 넣은 것처럼 달달한 그것이었다.

그런 내가 커피 맛을 알게 된 것은 우연히 동네 한적한 곳에 새로 오픈한
따뜻한 카페 그리고 친절한 바리스타를 만난 때문이다. 로스팅 대회
챔피언이라는 대단한 타이틀의 바리스타가 직접 핸드 드립 해주는 커피는
그야말로 처음 맛보는 것이었다. 어쩌면 알고 먹어서 괜히 특별하게
느껴졌을지도 모르지만 그럼에도 그 맛은 특별했다. 그 뒤로 꾸준히 커피
맛을 체험한 덕에 시럽을 타지 않아도 마실 수 있고, 더군다나 신맛도
견과류의 고소함도 은은한 과일의 그것도 느낄 수 있는 경지에까지
다다랐으니, 마치 이유식을 난생 처음 맛본 아기마냥, 잃어버린 미각을
찾은 장금이마냥, 커피가 있는 세상이 참 달랐다.

나이트클럽 죽순이도 안 해봤는데, 한동안 카페 죽순이가 되었다. 친절한
바리스타가 들려주는 커피 이야기가 참 재미있다. 드립하는 모습을
봐두었다가 집에 와서 도전한다. 비슷하게 한 것 같은데 카페에서 마시던
맛이랑 틀리긴 하지만 그것조차도 재미있다. 특히 아이들이 다 가고 난
한가로운 아침이나 혹은 비가 조용히 내리는 그런 날에는 어김없이 핸드
드립으로 커피를 내려 마시는 호사를 누린다. 커피향이 집 안에 가득하다.

커피 맛도 모르고 어떻게 인생을 논하느냐는 유치한 멘트에도 이제 대꾸할 수 있을 것 같다.

누군가 오래 전에 심심하면 바리스타 자격증 한 번 도전해보라며 내민 바리스타 자격증 책을 책장에서 겨우 찾아냈다. 펼치자마자 커피의 역사 등이 나온다. 자격증을 따기 위해 펼쳤으면 분명 줄을 그어가며 외우기부터 했을 것이다. 그런데 이야말로 재미있는 책이라며 술술 읽어 내려가고 있다. 도서관에서 커피 관련 카테고리 앞에서 서성이는 시간도 많아졌다. 할 일은 많은데 게으름 피우고 싶은 어느 날에는 집 앞 도서관에 가서 커피 관련 책들을 옆에 한가득 쌓아두고 커피 이야기 속으로 빠진다. 커피콩을 처음 발견했다는 에티오피아 소년에 대해서도 궁금해졌고 커피 꽃을 보러 어디 가까운 외국의 커피농장에 가고 싶은 마음까지 생기니 큰일이다.

커피가 있는 아침. 쌓아둔 설거지도, 먼지 폴폴 날리는 현관도 지금 이 순간에는 생각하고 싶지 않다. 오늘 내가 핸드 드립으로 내린 커피에서는 어제랑 또 다르게 어떤 맛이 나는지 천천히 그리고 조용히 음미한다. 커피 하나가 추가되었다고 이렇게나 감성적인 일상이 되었다며, 나는 또 소소하게 감동한다.

핸드 드립

핸드 드립(Hand Drip)은 드리퍼(Dripper)와 종이 필터를 사용하여 커피를 추출하는 것을 말한다. 커피를 내리는 사람과 드리퍼의 종류, 원두의 종류와 신선도, 물의 질과 그리고 양, 온도, 혹은 날씨까지도 커피의 맛에 영향을 미친다.

필요한 도구 및 재료 : 드립포트, 드리퍼, 여과지, 서버, 분쇄한 원두, 뜨거운 물(85~90도)

1 드리퍼에 따뜻한 물로 예열한 뒤 여과지를 끼우고 분쇄한 원두 약 20g을 넣는다.

2 포트에 뜨거운 물을(85~90도) 담아 한가운데부터 바깥으로 원을 그리며 원두가 고루 적셔지게 물을 붓고 30초 정도 뜸을 들인다.

3 원두의 중앙을 기준으로 바깥으로 원을 그리며 드립해주고 서버에 원하는 양(약 200ml)이 되면 멈춘다.

4 끝에 내려오는 추출액은 버린다.

5 추출된 커피를 예열해놓은 잔에 담는다(농도는 뜨거운 물을 섞어서 조절한다).

1
—
2
—
3
—
4

핸드 드립으로 즐길 수 있는

커피

1 에티오피아 예가체프: 커피의 여왕이라 불리는 커피로 은은하게 퍼지는
  여성스러운 맛이 인상적인 커피. 신맛이 강하고 꽃향기에 군고구마 향이
  난다.

2 콜롬비아 수프리모 : 마일드 커피의 대명사. 복숭아, 레몬 등 과일의
  달콤한 풍미와 산미가 특징이며 이제 막 커피를 알아가는 사람에게
  권한다.

3 과테말라 안티구아 : 스모크 커피의 대명사로 꼽히는 품종. 씁쌀한 다크
  초콜릿의 풍미와 스모크한 풍부한 바디, 잘 익은 과일의 묵직한 산미가
  특징.

4 코스타리카 따라쥬 : 향이 풍부하고 청포도의 상큼함과 단맛이 난다.
  커피 애호가들이 선호하는 원두.

5 브라질 세하도 : 견과류의 고소함이 느껴지는 커피로 자극적이지 않은
  맛과 향을 지니고 있어 블렌딩 커피의 베이스로 주로 사용된다.

혼자

。
떠난
여행길

혼자 떠난 여행길에 대한
이야기다.

자아를 찾기 시작한 여섯 살 아이는 밑도 끝도 없이 울고, 사춘기 아들의 눈치는 자꾸만 보이고, 냉장고에 하루에 다섯 끼는 족히 먹을 반찬으로 꽉꽉 채우고 왔음에도 괜히 남편에게 미안해지고…. 혼을 쏙 빼고 겨우 앉은 비행기에서는 다시 집으로 돌아가야 하는 건가 자꾸만 이건 아닌가 하는 마음에 앉은 자리가 가시방석 같았다. 빼도 박도 못하게 날아라, 비행기! 가끔 집을 비우고 혼자 떠나는 짧은 여행길이다.

어색한 침묵을 결국 이기지 못하고 더 어색하게 만드는 바보 같은 말 따위 건네지 않아도 되고. 나는 좋은데 누군가는 불편한 상황에 쩔쩔매며 내 소심함을 또 확인하고 절망하지 않아도 되고. 닭살 돋게 구는 커플들 구경하는 재미도(나는 이미 그 달달한 과정을 충분히 겪었기 때문에) 쏠쏠하다. 걷고 있을 때도, 버스를 탈 때도, 혼자라는 것이 미치게 좋아서 자꾸만 배시시 웃는다. 가끔 집을 비우고 혼자 떠나는 짧은 여행길이다.

제주도 공천포의 인적 드문 골목길에서는 나처럼 혼자 온 남자 사람 여행자가 삼각대를 세워놓고 맞은편 돌담에 쪼그리고 앉아 장난스럽게 웃으며 손 브이를 그리고 있었다. 나는 그저 조용한 돌담을 찍고자 했을 뿐인데, 졸지에 그를 민망하게 만든 눈치 없는 행인이 되었다. 나도 혼자니 진땀나는 종종걸음으로 세상에서 가장 긴 것 같은 그 골목길을 빠져나왔다. 나중에 사진을 확인하곤, 혼자 많이 웃었다. 가끔 집을 비우고 혼자 떠나는 짧은 여행길이다.

밤새 자다 깨다 반복하고, 안개 자욱한 새벽을 맞은 이유가 혼자 자는 침대가 어색해서는 아닌 것 같다. 혼자라는 기분 좋은 외로움을 이기지 못하고 과다 음용한 커피 탓도 아니고 혼자 꾸역꾸역 먹은 매콤한 오징어 덮밥 때문도 아니다. 누군가와 나누지 못할 혼자만의 시간인데 이 순간, 이 공기를 놓칠까봐서라고 해두자. 가끔 집을 비우고 혼자 떠나는 짧은 여행길이다.

혼자 하는 여행자에게 딱히 할 것이 무엇이 있겠는가. 괜히 카페에 앉아 눈앞에 펼쳐지는 풍경을 애써 외면하며 작은 책에 집중하는 일 따위는 하지 않겠다고 결심했다. 그냥 이어폰의 음악에 집중하는 것이 훨씬 더 설레는 일임을 아니까. 라쎄 린드(Lasse Lindh)는 어쩌자고 그렇게 속삭이며 부르는지 마음 단단히 먹고 들어야 한다. 헥토 파스칼(Hekuto Pascal)의 '피시 인 더 풀(fish in the pool)'에 집중하다가 하마터면 나도 모르게 밭 끝으로 설 뻔 했다. 한 백만 번 쯤 들었나 보다. 혼자였을 때의 그 느낌이 그리울 때면 이 노래를 듣는다. 가끔 집을 비우고 혼자 떠나는 짧은 여행길이다.

여행을

○

위한
파우치

여 행 이 좋 다 .

언젠가부터 그저 놀기 위한 여행이 아니라 사소한
것들이 특별해 보이는 여행에 설렌다. 늘 바쁜
일상을 보내면서 따로 시간을 내어 떠난다는 것이
쉽지 않아졌지만, 어쨌든 그렇게 떠나게 되는 여행은
여지없이 좋다. 하늘도 예쁘고 날씨도 고맙고 작은 것
하나 하나가 그저 감사하기만 하다.

그런 여행에서 나는 또 일상을 발견한다. 아침에 일어나 세수를 하고 밥을 챙겨먹으며 나갈 준비를 한다. 발 아프게 걸을 때도 있고 편하게 자동차 옆자리에 앉아 콧노래를 부르기도 한다. 때가 되면 밥을 챙겨먹고 다시 돌아와 씻고 잠자리에 든다. 그냥 일상이다. 여행이 일상이고 일상이 여행이라고 깨닫는 순간이다. 작은 풀 한 포기가 마냥 예뻐 보이고 늘 걷던 길도 내려다보면 특별해 보이며 늘 내가 마시는 공기도 다를 바 없다. 지금 나와 함께 걷는 이 사람도 늘 나의 일상에 있던 바로 그 사람이다.

가끔은 혼자 떠나는 것도 좋다. 아니, 사실은 자주 혼자 떠나고 싶다. 혼자 나선 길은 그야말로 두려움 반 설렘 반이다. 작은 것 하나도 혼자 결정해야 하고 길을 잘못 들어도 말해줄 누군가가 없기 때문이다. 처음 본 사람에게 길을 물어야 하고 밥도 혼자 먹어야 한다. 예전에 디스플레이 일을 할 때는 혼자 여러 지역들을 다녀야 했다. 혼자 기차나 버스를 타는 것도, 혼자 밥을 먹는 것도 싫어서 얼른 일을 마치고 집에 돌아오기 바빴다. 혼자 떠나는 '일상 같은 여행'의 기쁨을 그때도 알았다면 훨씬 행복했을 것이다. 차표를 끊으며 인사를 나누고 옆자리에 누가 앉을지 두근두근 설레이기도 했을 것이고 혼자 씩씩하게 식당에 들어서서 주문도 잘 했을 것이다. 여행에서 만난 낯선 사람에게 지금처럼 이야기도 잘 건넸을 것이다. 나는 여행자이지만 여행지에서 일상을 살아가는 사람들의

이야기와 모습들은 나에게 언제나 좋은 자극이 된다. 마치 훌륭한 책
한 권을 읽어낸 것처럼 충분한 동기부여가 된다. 혼자 떠난 여행에서만
느껴볼 수 있는 특별함이다. 두려움과 설렘을 즐기고 얻는 멋진 순간이다.

여행을 떠나려면 짐부터 꾸리자. 약간의 망설임도 방지하기 위해서는
파우치가 항상 필수이다. 화장품, 속옷 등을 구분해서 담아놓기만 해도
절반은 준비 완료! 아껴두었던 화장품 샘플들이 빛을 발하는 순간이기도
하다. 부끄러워서 도전하지 못했던 액세서리들도 약간의 용기와 함께
파우치에 담는다. 여행지에서의 파우치는 그런 역할이다. 일상에서
누리지 못한 것들, 때로는 여행지에서도 익숙해야 할 생활 습관들, 가끔은
과감하게 도전해야 할 것들도 담아서 떠나자.

여행을 위한 파우치이고 파우치는 여행이다.

특별한 패턴이나 디테일 없이 깔끔한 스타일의 파우치. 가방 안에 하나 쯤
있어야 할 것 같다. 납작한 지퍼 파우치는 화장품 혹은 필기도구를 넣기에
딱 좋다. 마치 작은 사이즈의 클러치백처럼 스타일이 있다. 옥스퍼드나 캔버
스처럼 힘 있는 원단을 사용하거나 얇은 원단에는 접착심지를 붙여서 모양
을 잡아준다.

재료

겉감: 24×36cm 1장 / 안감: 24×36cm 1장 / 바이어스(3.5×19cm) 2장 /
지퍼(23cm) 1개

만드는 방법

1   겉감의 겉에 지퍼의 한쪽 겉을 올리고 안감의 겉이 마주 닿게 놓고
    외노루발로 박아준다.
2   박은 부분을 밑으로 젖혀 놓고 지퍼의 나머지 한쪽이 보이게 놓는다.

1   2

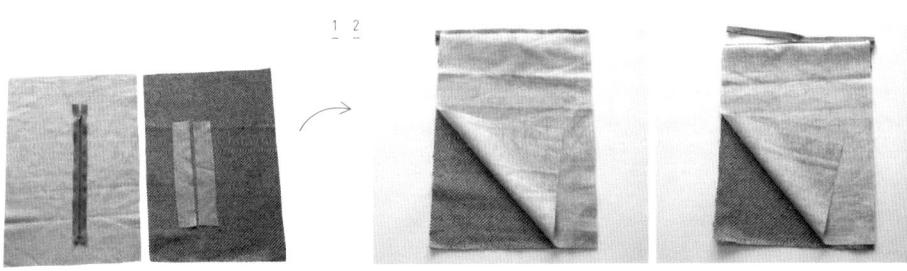

3 안감과 겉감을 각각 지퍼 끝 선에 맞게 접어 올린다.

4 외노루발로 겉감, 지퍼, 안감을 함께 박아준다. 안감이 보이게
   뒤집어놓고 지퍼의 위치를 잡아준다.

5 바이어스의 양끝 시접을 1cm 정도 접은 상태에서 안감의 겉과
   바이어스의 겉이 마주 닿게 놓고 옆 시접과 함께 박아준다.

6 바이어스를 뒤로 넘겨 접어 박아준다.

7 지퍼 부분으로 뒤집어준다.

8 라벨을 손바느질로 달아준다.

3 4 5
— — —
6 7 8

디이마루
스트링파우치

여미는 방법 중에 가장 재미있는 것이 끈으로 조이는 방법인 것 같다. 끈을 당겨주면 여지없이 귀여운 주머니 모양이 된다. 여러 개 만들어두면 복잡한 가방 속을 정리하기에도 좋고 가끔 작은 소품을 선물할 때 좋은 패키지의 역할을 해내기도 한다. 다이마루 원단이라 넣을 수 있는 양도 많다.

겉감: 25×90cm 1장 / 면 테이프: 60cm

1   겉감의 겉끼리 마주대고 반으로 접어 박아준다.

2   양 옆선도 시접 1cm로 박아주되 창구멍을 남긴다.

3   창구멍으로 뒤집어준다.

4   창구멍을 막아준 뒤 안감 부분의 원단을 속으로 넣어 모양을 잡아준다.

5   끈이 들어갈 곳을 따라 1.5cm 간격으로 위쪽 둘레를 박아준다.

6   끈을 넣어준다.

7   원하는 글자를 찍을 때는 스텐실과 아크릴 물감을 이용한다.

1
—
2   3
—   —
4   5   6
—   —
7

다트가 있는
파우치

베이직 스타일의 파우치에 약간의 곡선을 더하면 조금 더 여성스러운 파우
치가 완성된다. 양쪽 아래의 다트가 제법 부피감을 주고 좀 더 부드러운 라
인으로 모양을 잡아준다.

재료

겉감: 도안 2장 /

안감: 도안 2장 /

접착심지(2온스): 도안 2장 /

부속물: 지퍼 20cm 1개, 라벨 1개

만드는 방법

1   겉감에 접착심지를 붙여주고 겉감 한쪽에 라벨을 박는다.

2   지퍼의 겉과 겉감의 겉을 마주대고 지퍼노루발로 시접 0.5cm 간격으로
    임시 고정한다.

3 안감의 겉면이 마주 닿게 올려놓고 지퍼와 박아준다.

4 3에서 박은 겉감과 안감을 아래로 젖혀 놓는다.

5 2,3의 방법으로 지퍼의 나머지 한쪽을 박아준다.

6 겉감과 안감의 다트 총 8개를 각각 접어 안쪽에서 박아준다.

7 겉감은 겉감끼리 안감은 안감끼리 마주 닿게 놓고 창구멍을 남기고
   사방을 박아준다(이때 지퍼 이빨이 안감 쪽으로 향하게 둔다).

8 창구멍으로 뒤집어준다. 안감의 창구멍을 박아주고 겉감 속으로 넣어
   다려준다.

가을을 품은
파우치

지퍼의 길이나 컬러에 따라 다양하게 만들어낼 수 있는 지퍼 파우치. 겉감
에 접착심지를 붙여 도톰하게 만들어도 좋고 바닥에 각을 잡아주면 세워 놓
을 수도 있어서 좋다. 가을 느낌 물씬 풍기는 원단 한 장이 휴대용 화장대가
된다.

겉감: 30×19cm 2장 / 안감: 30×19cm 2장 / 접착심지: 28×17cm / 지퍼(15cm) 1개

1   지퍼의 양쪽 끝을 세모로 두 번 접어 손바느질로 마감한다.

2   안감(겉)+지퍼(겉)+겉감(겉)을 순서대로 맞춘다.

3   지퍼노루발로 완성선을 따라 박는다.

4   지퍼의 나머지 한쪽이 오게 펼쳐놓고 같은 순서로 놓고 맞춘다.

5   지퍼노루발로 완성선을 따라 박는다.

6   겉감은 겉감끼리 안감은 안감끼리 펼쳐놓고 안감 한쪽에 창구멍을
    남기고 옆선을 박아준다.

7   모서리를 삼각형 모양이 되게 접어주고 박아준 후 시접을 잘라낸다.
    뒤집어서 창구멍을 막아준 후 안감을 겉감 속으로 넣어 정리한다.

1
—
2 3 4
— —
5 6
— —
      7

언젠가
는

○
영국

영국에 꼭 가보고 싶다.

왜 영국이라는 나라를 좋아하게 되었는지, 언제부터
그랬는지 기억은 나지 않지만 여하튼 그렇다. 좋아하는
외국 배우도 죄다 영국 사람이다. 콜린 퍼스의 시크함을
사랑하고 제임스 맥어보이의 바다보다 더 파란
눈동자를 좋아한다. 제인 오스틴이 덤덤하게 써내려간

문장력을 좋아한다. 영화 '오만과 편견'은 열일곱 번을 봤고 앞으로도 더 볼 수 있다. 영국식 썰렁한 유머에 박장대소 할 수 있다.

실상 외국 여행이라고는 일본과 필리핀, 태국이 전부다. 마흔 넘은 평범한 가정주부가 영국 여행을 위해 돈을 모으기는 쉽지 않고 일주일이든 한 달이든 살림을 쉬고 다녀오기도 어려울 것이다. 그러나 나는 언젠가는 영국에 가게 될 것이라 믿는다. 그래서 영국 여행에 관한 책은 모조리 읽었고 지금도 계속 읽고 있다. 마치 낼 모레 영국으로 떠나는 사람처럼!

설레는 몸과 마음을 진정시키며 영국으로 떠나는 날을 상상해본다. 옷차림은 너무 튀지 않고 가볍게 한 것이다. 작은 여행용 크로스백에 여권을 챙겨 넣고 너무 많이 넘겨봐서 낡아버린 작은 사이즈의 영국 안내책자도 넣어둘 것이다. 영국을 '책'으로만 배운 것이 표 나지 않게

최대한 자연스러운 '여행자'가 될 것이다. 영국식 영어 발음을 아주 많이
연습해서 공항에 내려 택시를 타면 운전사에게 목적지를 자신 있게 말할
것이다. 또 펍(Pub)에 가서 자연스럽게 음료도 주문할 수 있을 것이다.
수없이 읽었던 영국 여행 책에 기록된 것처럼 우울한 영국 날씨를
불평하지 않고 '흐림'을 즐길 수 있는 나만의 방법을 터득할 것이다.
큼지막한 숄더백에는 아주 작은 우산도 하나 넣을 것이지만, 영국인처럼
웬만한 비는 그냥 맞고 다닐 수도 있을 것이다.

생각만으로도 행복해지는 순간. 영국 여행을 상상하는 시간들이다.
수많은 여행자들이 특정 나라에 대해 너무 큰 기대를 가지지 말라고
말한다. 기대한 만큼 실망하게 된다는 말도 잊지 않는다. 괜찮다. 그래도
꼭 영국이어야 한다는 내 결심을 쉽게 바꾸지는 못한다.

꿈에 그리던 그런 여행. 그런 시간들을 상상하며 만드는 가방. 바느질하기
딱 좋은 이유이다.

무지 스타일 숄더 &
크로스백

심플하지만 스타일이 있는 크로스백. 마음에 드는 원단 한 가지만 정해지면
아주 간단하게 만들 수 있는 아이템이다. 끈의 길이를 여유롭게 만들면 어
깨에 걸치기도, 크로스로 매기에도 예쁜 패브릭 가방이 된다.

겉감: 40×44cm 2장 / 앞포켓: 40×33cm 2장 / 안감: 40×44cm 2장 /

안포켓: 19×21cm 1장 / 끈: 10×115cm 1장

1   앞포켓의 겉감과 안감을 겉끼리 마주대고 위쪽만 박아준다.

2   박아준 앞포켓을 뒤집어서 겉감의 앞쪽에 배치한 후 가운데를 박아
    포켓을 나누어준다.

3   겉감 2장을 겉끼리 마주대고 3면을 박아준다.

4   아래 모서리 부분을 시접선끼리 마주대고 대각선으로 접어서 적당한
    위치에 박은 후 나머지 시접은 잘라낸다.

5   안감에 들어갈 포켓을 미리 만들어주고 안감의 적당한 위치에 3면을
    박아 고정시킨다.

6   안감의 겉끼리 마주대고 3면을 박아주되 창구멍을 남기고 양 모서리도
    겉감과 동일한 방법으로 만들어준다.

7   완성된 겉감 속에 뒤집은 안감을 넣어준다.

8   위쪽을 박아준다.

9   뒤집고 창구멍을 박은 후 안감은 겉감 속에 넣어준다. 위쪽 둘레를 1cm
    간격으로 상침해준다.

10   끈은 양쪽으로 1cm 접어 상침하여 완성한다.

11   완성된 끈은 끝을 1cm 접어 가방의 옆 부분에 배치하고 모양대로
    박아준다.

1	2	
3	4	5
6	7	8
9	10	11

미니

여행 크로스백

외출할 땐 손이 자유로워야 한다. 그런 용도로 크로스백이 딱이다. 여행에서 크로스백이 필수인 이유다. 지퍼를 열거나 단추를 채울 필요 없이 가죽 덮개 한 장이면 스타일 있는 크로스백이 완성된다.

| 재료 |

걸감: 도안 2장 / 안감: 도안 2장 / 주머니: 18×20cm 1장 /

접착심지: 도안 2장 / 끈: 6×135cm 1장 / 덮개: 19×23cm 가죽 1장

※ 시접: 걸감·안감 1cm, 접착심지 없음

| 만드는 방법 |

1 안감의 한쪽에 주머니를 박아준다.
2 아래쪽의 다트(주름)를 접어 박아준다.

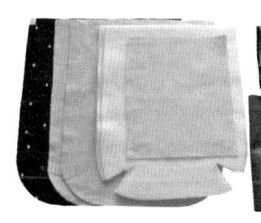

1 2

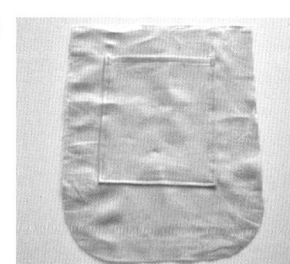
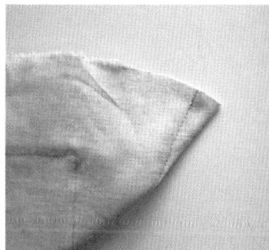

3   펼쳐서 시접을 한쪽으로 넘겨 다려준다. 나머지 한쪽도 같은 방법으로
    만든다.

4   완성된 안감 2장의 겉을 마주대고 창구멍을 남겨 둘레를 박아준 다음,
    뒤집어둔다.

5   겉감도 같은 방법으로 박아준다. 겉감 안쪽에 심지를 다려서 붙여준 후
    겉감의 겉을 마주대고 입구를 제외한 둘레를 박아준다.

6   완성된 안감을 뒤집은 겉감 속으로 넣어준다.

7   안감과 겉감을 맞추어 입구를 박아준다.

8   안감의 창구멍으로 뒤집어주고 창구멍은 박아서 마무리한 다음, 안감을
    가방 속으로 넣어준다.

9   시접을 1cm 접어 넣어 가방 끈을 만들어준다.

10 완성된 가방의 옆선에 끈을 1cm 접어 네모 모양으로 상침해서
    고정한다.

11 다른 한쪽은 길게 늘어뜨려 가방의 몸판과 박아주고 끝에 라벨을
    달아준다.

12 가방의 덮개부분이 될 가죽의 아래쪽에 일정한 간격으로 구멍을
    뚫어준다.

13 완성된 가방의 뒷면에 덮개를 손바느질로 고정한다.

3	4	
5	6	7
8	9	10
11	12	13

 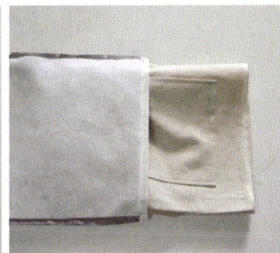 

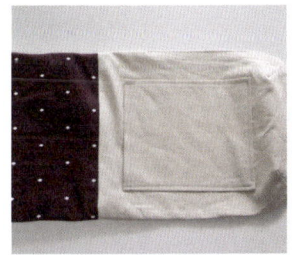  

  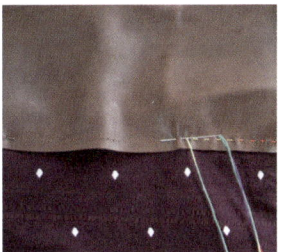

미니
크로스백

아이에게도 작은 가방 하나 들려주자. 작은 사이즈로 만든 미니 크로스백은
아이의 아기자기한 소품이나 장난감을 담아두기에도 좋고 덮개까지 있는
디자인이라 참 예쁘다.

겉감: 23×40cm 1장 / 안감: 23×40cm 1장 / 덮개: 도안 2장 / 끈: 7×95cm 1장 /

가시도트 1세트

1   덮개감의 겉끼리 마주대고 선을 따라 박아준다.

2   뒤집어 다려준다.

3   안감의 겉 한쪽 위에 덮개의 안쪽 면을 마주 닿게 올려둔다.

4 　접착 심지를 붙인 겉감의 겉이 마주 닿게 올려 위아래 입구를 박아준다.

5 　겉감끼리 안감끼리 접어주고 창구멍을 남겨 박아준다.

6 　바닥이 될 부분의 각 모서리를 삼각형으로 접어 박아준다.

7 　창구멍으로 뒤집어주고 창구멍은 박아준다.

8 　안감을 겉감 속으로 집어넣고 입구 부분을 다려준다.

9 　양쪽 시점을 1cm 접어 넣어 박아 끈을 만들어준다.

10 　완성된 가방의 양쪽 겉에 끈을 1cm 접어 네모 모양으로 상침해준다.

11 　덮개 부분의 적당한 위치에 가시도트를 박아준다.

12 　반대편에 가시도트의 나머지를 박아준다.

4　5
6　7
8　9　10
11　12

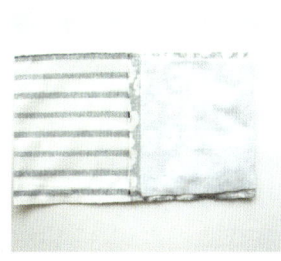

음악
이

○
흐른다

나의 감성 에너지는
음악이다.

아침에 눈을 뜨고 제일 먼저 하는 일은 라디오를 켜는
것이다. 익숙한 DJ와 음악과 함께 하루를 시작한다.
외출하지 않는 날은 아침부터 늦은 밤까지 라디오를
듣는다.
어릴 적부터 음악을 많이 들었다. 감수성이 예민할

나이에 들기 시작한 클래식이 시초다. 칠레의 피아니스트 '클라우디오 아라우(Claudio Arrau)'의 쇼팽 연주곡은 테이프가 늘어날 정도로 들었던 것 같다. 꼬박꼬박 모은 용돈으로 연주곡 전집 테이프를 하나씩 사서 모았다. 오른쪽 귀가 지금도 가끔 고장 나는 이유는 중학교 때부터 이어폰을 밤새 꽂고 음악을 듣다가 잠이 들어 귀를 혹사시켰기 때문이다. 어린 감수성으로 듣는 쇼팽은 마치 사람의 마음을 꿰뚫어보는 마법사 같았다. 악보도 잘 볼 줄 모르는 나는 귀로 쇼팽을 외운다. 더워지기 시작한 6월의 어느 날 등굣길. 아카시아 나무를 올려다보며 야상곡의 클라이막스를 달리는 피아노 연주에 나도 모르게 그만 눈물이 나기도 했다. 그때의 그 감수성을 따라갈 수 있을까…. 그때보다 나이가 많이 든 지금도 그 순간의 기억이 생생하다. 그렇게 쇼팽과 함께 학교를 다녔다. 바흐와 드뷔시, 모차르트와도 그랬다.

스키터 데이비스(Skeeter Davis)의 '디 엔드 오브 더 월드(The end of the world)'는 팝송의 시작이었다. 지금 보면 참 철학적인 가사인데 의역 없이 직역으로 해석해서 뜻도 정확히 모르고 들었던 것 같다. 어쨌든 그때부터 팝송은 또 다른 내 음악적 감성의 시작이 되었다. 세상에서 제일 힘 센 사람이 슈퍼맨이듯, 나에게 세상에서 제일 노래 잘 하는 사람은 휘트니 휴스턴(Whitney Houston)이었다. 존 레논(John Lennon)의 '이매진(Imagine)'은 반전주의의 의미 있는 가사보다 덤덤히 부르는 그의 목소리와 멜로디 때문에 좋았다. 한동안은 세상에서 가장 슬픈 기타를 치는 블루스 기타 연주가 영국의 게리 무어(Gary Moore)의 연주를 들으며 새벽까지 깨어있다가 아주 피곤하기 이를 데 없는 아침을 수 없이 맞기도 했다. 건스 앤 로지즈(Guns and Roses)의 음악은 락의 진정성을 몰라도 즐길 수 있다. 괴기스럽기도 하지만 뭔가 모를 짜릿함이 있는 마릴린 맨슨(Marilyn Manson)은 나 대신 답답함을 풀어주는 그로테스크한 친구다. 영화 '타이타닉'에서 배가 가라앉기 직전까지 연주되던 '니어러 마이 갓 투 씨(Nearer My god to thee)'는 여러 가지 버전으로 무한반복 듣기에 감동이다. 태교를 할 때는 친구가 선물해준 '킹스 오브 컨비니언스(Kings of Convenience)'의 기타 멜로디가 딱 좋았다. 나에게 음악은 그랬다. 장르에 상관없이 내 감성의 바탕이고 상상력을 더해주는 좋은 친구다. 어느 장소 어느 시간이나 귀에서 흘러나오는 음악 하나면 만족한다. 나에게 우상은 TV에서 멋진 춤을 추는 가수나 잘생긴 배우가 아니라 늦은 밤 낮은 목소리로 음악을 들려주는 DJ다.

멜로디보다 가사를 음미할 줄 아는 사람. 기타 연주가의 기타줄 스치는 미세한 소리와 피아니스트의 작은 숨소리를 듣는 사람. 누군가가 생각나는 음악 하나 정도는 간직한 사람. 세상 모두가 좋아하는 히트곡보다 아무도 발견하지 못한 좋은 곡 하나쯤 알고 있는 사람. 그런 사람이었으면 좋겠고 그런 누군가가 좋다.

오늘은 아껴두었던 조각케이크를 꺼냈다. 음악을 낮게 틀어두고 좋아하는 책을 도서관에서 잔뜩 빌려와서 읽는다. 아직 가보지 못한 곳 혹은 다녀왔던 곳의 여행책을 읽노라면 나는 홀연히 집을 떠나온 여행자가 된다. 좋아하는 그림에 관한 책도 마찬가지. 명화라 불리는 그림의 뒷이야기나 작가의 이야기는 언제 읽어도 시공을 초월하는 재미가 있다. 몇 십 년, 몇 백 년이 흐른 여느 가섯심에 그냥 평범한 여자 하나가 그 그림에 관한 이야기를 읽으며 행복해하고 있다.

그렇게 내 마음은 책을 따라 떠나고 귀에서는 노래가 흐른다. 저녁에는 그런 음악이 있는 영화 한 편 볼 작정이다. 벌써 여덟 번째 보게 되는 나만의 감성 영화다.

겨자씨의 감성 Play List

1. Duet – Rachael Yamagata

2. Someone like you – Adele

3. Because I – Lasse Lindh

4. The Blower's daughter – Demien Rice

5. Hallelujah – Jason Manns

6. Dawn – Pride and Prejudice Main Theme

7. Fish in the pool – 하나와 앨리스 살인사건 OST

겨자씨의 감성 Book List

1. 루커리정원의 여행자 – 문상현

2. 너도 떠나보면 나를 알게 될 거야 – 김동영

3. 우리 제주 가서 살까요 – 김현지

4. 한 달쯤, 런던 – 황소영

5. 여자, 그림으로 행복해지다 – 남인숙

6. 명작 스캔들 – 장 프랑수아 셰뇨

7. 무서운 그림 – 나카노 교코

겨자씨의 감성 Movie List

1. 어톤먼트(2007년)

2. 리틀 포레스트 1, 2(2014/2015년)

3. 오만과 편견(2005년)

4. 비커밍 제인(2007년)

5. 빌리 엘리어트(2000년)

봄
날의

o
산책

봄이 그렇게 왔다.

겨울이 너무 길었다. 내가 사는 곳엔 눈도 많이 내렸다.
지구 온난화로 인한 기상이변이 봄을 빼앗아가는 건
아닌가 하는 생각이 오늘 무슨 국을 끓일까 하는 당장의
고민보다 앞섰을 정도다.

제일 좋아하는 계절이 바로 봄이다. 봄이면 몸의 세포가 반응한다. 기나긴 겨울을 지나며 지쳤던 몸과 마음이 녹는다. 창 밖에는 어느새 따뜻해진 햇살이 나를 설레게 하고 그냥 부는 바람인데도 봄이라 그런지 간지럽다. 봄 햇살이 좋을 시간에는 거실 테이블을 가장 좋은 자리에 옮겨놓고 브런치를 즐긴다. 봄이 오면 누구라도 그러하듯 바빠진다. 겨우내 모른 척 했던 먼지들을 털어내고 청소를 하고 옷들을 정리한다. 겨울옷은 이제 깊숙이 넣어 내년을 준비하고 봄옷은 꺼내기 쉽게 앞으로 옮겨준다. 겨우내 입지 못했던 얇고 가벼운 옷들을 꺼내놓는 것만으로도 이미 봄이다. 그 중에서도 스커트를 꺼내놓는 것이 내가 봄을 맞는 첫 번째 자세다.

조신하게 바느질 할 때는 천상 여자이기도 하지만 나는 사실
천방지축이다. 걸음걸이도 그다지 여성스럽지 못해서 뒤에 오는 사람에게
의도치 않은 즐거움을 주기도 한다. 덜렁거리고 실수도 많다. 게다가 잘
넘어지는 편이라 늘 무릎 주변이 성할 날이 없다. 그런 나도 스커트를
좋아한다. 여성스러운 스커트 하나가 철없는 마흔 두 살의 여자를 진짜
'여자'로 만들어주는 것만 같다. 어릴 때는 여자가 스커트를 입는 것은
뻔하고 흔하다고 생각했다. 그래서 톰보이처럼 입고 다녔다. 그러나 이젠
스커트를 입는다. 누가 뒤에서 부르기라도 하면 괜히 동작을 크게 하고
뒤돌아본다. 스커트 자락이 자연스럽게 휘날린다.

봄이 왔으니 이제 주변 사람들을 부추기기 시작한다. 봄 소풍 가자고
하고, 저기 저쪽 들에 쑥 캐러가자고 하고, 벚꽃이 다 떨어지기 전에
꽃놀이 가자고 한다. 집 앞 공원에 있는 카페에 허브차가 맛있다고 꼬드겨
봄날의 산책을 간다. 예쁜 패브릭으로 만들어놓은 피크닉 매트를 꺼내어
해가 잘 드는 베란다에 펼쳐놓기도 한다. 꼭 '봄'이어야 하겠냐만은
꼭 '봄'이면 더 좋겠다. 그런 봄에 읽혀지고 만져지는 모든 것들에는
왠지 모를 감성이 솟아나니까. 집 앞 공원에 아이들과 함께 나간다.
피크닉 매트를 펼쳐놓고 커다란 나무가 만들어주는 그늘에 누워 하늘을
올려다본다.

겨울 내내 봄날에 입기 좋은 가디건과 블라우스, 그리고 스커트를
만들었다. 올 봄에도 철이 없는 아줌마는 롱 스커트, 주름 스커트, 짧은
스커트, 꽃무늬 스커트, 린넨 스커트 등을 열심히 입고 다닐 계획을
했는데 엊그제 무릎에 앉은 딱지가 흉터를 크게 남길 것 같아 절망이다.
재작년 자전거를 타다가 넘어져서 생긴 흔적도 아직 그대로다. 그래도
봄이 왔기 때문에 나는 이 모든 것이 괜찮아졌다.

봄바람이 분다. 정말 봄이 왔다. 참 좋다.

봄 원피스
계절감을 느낄 수 있는 패턴과 무늬의 원
단으로 만든 비교적 베이직한 디자인의
원피스.

린넨 후드 가디건
간절기에 입기 좋은 가디건으로 모자가 있
어 멋스럽고 적당한 길이감으로 원피스와
매치하기 좋다.

플레어스커트
주름을 크게 잡은 스커트는 데일리룩으로도 손색없고,
특별하게 연출하여 여성스러운 분위기를 내기에도 좋다.

겨자씨의 감성살림

초판 1쇄 인쇄 | 2016년 4월 5일
초판 1쇄 발행 | 2016년 4월 15일

지은이 | 윤선미
발행인 | 이원주

임프린트 대표 | 김경섭
기획편집 | 한선화 · 김순란 · 강경양 · 한지은
디자인 | 정정은 · 김덕오
마케팅 | 노경석 · 조안나 · 이유진
제작 | 정웅래 · 김영훈

일러스트 | 박혜림(spica84913@naver.com/http://soofullthings.tumblr.com)

발행처 | 미호
출판등록 | 2011년 1월 27일(제321-2011-000023호)

주소 | 서울특별시 서초구 사임당로 82
전화 | 편집 (02) 3487-1141 · 영업 (02) 3471-8046

ISBN 978-89-527-7590-0 13590